教育部生物医学工程类专业教学指导委员会"十四五"规划教材
生物医学工程实践教学联盟规划教材

U0290420

体外诊断仪器原理与设计

主　编　刘　谦　罗　洁

副主编　董　磊　时梅林

主　审　刘昕宇

电子工业出版社
Publishing House of Electronics Industry
北京·BEIJING

内 容 简 介

本书在阐述体外诊断仪器原理的基础上，重点介绍体外诊断仪器设计相关技术，包括加样控制、步进电机控制、位置检测、液面检测、柱塞泵控制、微型泵控制、液路切换、夹爪控制、凝块检测等。本书采用模块化的方式，通过详细讲解各模块的电路设计、程序设计及微控制器系统设计，帮助读者掌握体外诊断仪器从硬件到软件的完整开发流程。

与本书配套的有 4 款体外诊断实验平台，读者在学习本书的同时，在实验平台上进行同步操作，可达到事半功倍的效果。此外，本书提供丰富的软、硬件资料包及 PPT 等。

图书在版编目（CIP）数据

体外诊断仪器原理与设计 / 刘谦，罗洁主编. —北京：电子工业出版社，2022.4

ISBN 978-7-121-43146-3

Ⅰ. ①体… Ⅱ. ①刘… ②罗… Ⅲ. ①医用分析仪器－高等学校－教材 Ⅳ. ①TH776

中国版本图书馆 CIP 数据核字（2022）第 045727 号

责任编辑：张小乐

印　　刷：河北鑫兆源印刷有限公司

装　　订：河北鑫兆源印刷有限公司

出版发行：电子工业出版社

　　　　　北京市海淀区万寿路 173 信箱　邮编：100036

开　　本：787×1092　1/16　印张：15.25　字数：400 千字

版　　次：2022 年 4 月第 1 版

印　　次：2022 年 4 月第 1 次印刷

定　　价：56.00 元

凡所购买电子工业出版社图书有缺损问题，请向购买书店调换。若书店售缺，请与本社发行部联系，联系及邮购电话：（010）88254888，88258888。

质量投诉请发邮件至 zlts@phei.com.cn，盗版侵权举报请发邮件至 dbqq@phei.com.cn。

本书咨询联系方式：（010）88254462，zhxl@phei.com.cn。

前　　言

体外诊断（In Vitro Diagnosis，IVD）是指将血液、体液、组织等样品从人体中取出，使用体外检测试剂、试剂盒、校准品、质控品、仪器等工具对样品进行检测与校验，用于疾病的预防、诊断、治疗监测、预后观察、健康评价及遗传性疾病的预测。检测过程中所需要的仪器和试剂组成了体外诊断系统，它汇集了生物、医学、机械、光学、电子学、计算机、工程学、工程设计与制造等相关技术，而从事这些仪器、试剂、耗材等研发、生产、营销的企业，统称为生产体外诊断产品的企业。

随着体外诊断产业的高速发展，企业对仪器和试剂开发人才的需求越来越强烈。高校作为人才输出的重要源头，既要根据业界的需求培养相关人才，还要不断优化人才培养体系。体外诊断试剂开发人才主要来自生物、免疫、临床检验等专业，这方面的教材和课程体系相对成熟。但体外诊断仪器开发人才主要来自电子信息工程、计算机科学与技术、软件工程和生物医学工程等专业，国内开设相关课程的高校不多，相关教材（尤其是实验教材）更是极度匮乏。

体外诊断产品按检测原理或检测方法主要可分为生化诊断产品、免疫诊断产品、分子诊断产品、微生物诊断产品、尿液诊断产品、凝血诊断产品、血液学和流式细胞诊断产品、现场快速诊断产品 8 大类，其中生化、免疫、分子诊断和即时诊断产品为国内诊断产品主要的 4 大类品种。本书从上述体外诊断产品中抽象出 4 款实验平台：液面检测与移液实验平台、直线加样与液路清洗实验平台、全自动移液移杯实验平台和液路凝块检测实验平台，这 4 款实验平台基本包含了体外诊断仪器所涉及的主要模块，包括取样针、步进电机、光耦检测、液面检测、柱塞泵、微型泵（包括旋转泵和隔膜泵）、电磁阀、夹爪、液路凝块检测等，涉及的技术包括机械设计、电路、嵌入式系统和算法等。

本书是一本实践性较强的教材，全书共 15 章：第 1 章介绍 4 款体外诊断实验平台的整体架构、功能和工作过程；第 2 章详细介绍平台的硬件电路设计，如电源电路、微控制器电路和功能模块电路；第 3 章创建基于 STM32 的基准工程，是后续实验的基础；第 4、5、6、7、9、10、12、14 章通过一系列实验分别介绍步进电机、光耦检测、液面检测、柱塞泵、微型泵、电磁阀、夹爪和液路凝块检测模块，目的是学习基于 STM32 的底层驱动设计；第 8、11、13、15 章分别针对 4 款实验平台，讲解实现其各个组成模块的协同工作，目的是学习基于 STM32 的应用层设计。

使用本书开展实验时，建议先学习第 1～2 章，了解 4 款体外诊断实验平台及各个模块和硬件资源；再通过第 3 章的基准工程创建来快速熟悉 Keil 软件的整个开发流程；第 4～15 章通过底层驱动设计和应用层设计，引导读者掌握各个模块的工作原理及实验平台的运行机制，同时基于 STM32 微控制器，用 C 语言实现对这些模块和平台的控制。底层驱动设计应重点学习各个模块的工作原理，应用层设计应重点学习系统的运行机制。

本书中的程序严格按照《C 语言软件设计规范（LY-STD001—2019）》编写。设计规范要求每个函数的实现必须有清晰的函数模块信息，函数模块信息包括函数名称、函数功能、输入参数、输出参数、返回值、创建日期和注意事项。受限于篇幅，第 4～15 章中的程序省略了函数模块信息，建议读者在编写程序时完善每个函数的模块信息。"函数实现及其模块信息"（位于本书配套资料包的"08.软件资料"文件夹）罗列了所有函数的实现及其模块信息，供读者参考。

刘谦和罗洁对本书的编写思路和大纲进行了总体策划，指导全书的编写，对全书进行统稿，并参与了部分章节的编写；董磊、时梅林、黄梅贵参与了本书部分内容的编写和实验项目的验证；刘昕宇对全书进行了严格的审校；本书涉及的实验基于深圳市乐育科技有限公司的体外诊断开发平台，该公司提供了充分的技术支持；本书的出版还得到了电子工业出版社的鼎力支持，张小乐编辑为本书的顺利出版做了大量的工作。在此一并致以衷心的感谢！

由于编者水平有限，书中难免有不成熟和错误的地方，恳请读者批评指正。读者反馈发现的问题、索取相关资料或遇实验平台技术问题，可发邮件至邮箱：ExcEngineer@163.com。

编　者

2022 年 2 月

目　　录

第 1 章　概述 ……………………… 1
　1.1　体外诊断概述 ………………… 1
　　1.1.1　体外诊断定义 …………… 1
　　1.1.2　体外诊断产品分类 ……… 1
　　1.1.3　全球体外诊断市场现状 … 2
　　1.1.4　我国体外诊断市场现状 … 3
　1.2　体外诊断仪器的基本结构和功能 … 4
　　1.2.1　主控模块 ………………… 4
　　1.2.2　光学模块 ………………… 6
　　1.2.3　运动模块 ………………… 6
　　1.2.4　移液模块 ………………… 9
　　1.2.5　液路控制模块 …………… 11
　1.3　体外诊断仪器原理与设计实验
　　　　平台简介 …………………… 12
　　1.3.1　液面检测与移液实验平台 … 12
　　1.3.2　直线加样与液路清洗实验平台 … 13
　　1.3.3　全自动移液移杯实验平台 … 15
　　1.3.4　液路凝块检测实验平台 … 15
　1.4　体外诊断实验编排 …………… 17
第 2 章　体外诊断控制板硬件电路设计 … 19
　2.1　电源电路 ……………………… 19
　　2.1.1　12V 转 5V 电路 ………… 19
　　2.1.2　5V 转 3.3V 电路 ………… 19
　2.2　微控制器电路 ………………… 20
　2.3　功能模块电路 ………………… 21
　　2.3.1　复位电路 ………………… 21
　　2.3.2　SWD 调试接口电路 …… 21
　　2.3.3　晶振电路 ………………… 21
　　2.3.4　独立按键电路 …………… 22
　　2.3.5　LED 电路 ……………… 22
　　2.3.6　平台选择电路 …………… 22
　　2.3.7　串口调试电路 …………… 23
　　2.3.8　蜂鸣器电路 ……………… 24
　　2.3.9　电机接口电路 …………… 24
　　2.3.10　光耦/液面检测接口电路 … 25

　　2.3.11　泵/阀接口电路 ………… 25
　　2.3.12　夹爪接口电路 ………… 26
　　2.3.13　凝块检测接口电路 …… 26
第 3 章　F103 基准工程创建 ……… 27
　3.1　理论基础 ……………………… 27
　　3.1.1　寄存器与固件库 ………… 27
　　3.1.2　Keil 编辑和编译及 STM32 下载
　　　　　 过程 ……………………… 31
　　3.1.3　STM32 参考资料 ……… 32
　　3.1.4　DbgIVD 调试组件 …… 33
　　3.1.5　TaskProc 模块任务流程 … 34
　3.2　设计思路 ……………………… 37
　　3.2.1　STM32 工程模块分组及说明 … 37
　　3.2.2　应用层模块构成 ………… 38
　3.3　设计流程 ……………………… 38
　拓展设计 …………………………… 55
　思考题 ……………………………… 55
第 4 章　步进电机控制 ……………… 56
　4.1　理论基础 ……………………… 56
　　4.1.1　步进电机简介 …………… 56
　　4.1.2　步进电机的工作原理 …… 57
　　4.1.3　步进电机的细分控制 …… 60
　　4.1.4　步进电机驱动电路 ……… 61
　　4.1.5　STM32 控制电机的时序 … 62
　　4.1.6　步进电机的加减速控制 … 63
　　4.1.7　液面检测与移液实验平台 … 64
　　4.1.8　StepMotor 模块函数 …… 64
　4.2　设计思路 ……………………… 68
　　4.2.1　工程结构 ………………… 68
　　4.2.2　步进电机控制流程 ……… 68
　4.3　设计流程 ……………………… 69
　拓展设计 …………………………… 87
　思考题 ……………………………… 87
第 5 章　光耦检测 …………………… 88
　5.1　理论基础 ……………………… 88

5.1.1　光耦简介 ················· 88

5.1.2　光耦遮光与未遮光 ········· 88

5.1.3　光耦接口电路 ············· 90

5.1.4　光耦输出电平转换电路 ····· 90

5.1.5　OPTIC 模块函数 ·········· 91

5.2　设计思路 ···················· 92

5.2.1　工程结构 ················· 92

5.2.2　光耦检测流程 ············· 92

5.3　设计流程 ···················· 93

拓展设计 ························· 101

思考题 ··························· 101

第6章　液面检测 ················ 102

6.1　理论基础 ··················· 102

6.1.1　液面检测原理 ············ 102

6.1.2　微控制器检测 ············ 103

6.1.3　IVD1Driver 模块函数 ····· 104

6.1.4　IVD1Device 模块函数 ···· 106

6.1.5　体外诊断任务处理 ········ 108

6.2　设计思路 ··················· 110

6.2.1　工程结构 ················ 110

6.2.2　液面检测流程 ············ 110

6.2.3　初始化任务流程 ·········· 110

6.2.4　任务流程 ················ 110

6.3　设计流程 ··················· 111

拓展设计 ························· 115

思考题 ··························· 116

第7章　柱塞泵控制 ·············· 117

7.1　理论基础 ··················· 117

7.1.1　柱塞泵结构 ·············· 117

7.1.2　柱塞泵工作原理 ·········· 117

7.1.3　柱塞泵吸液初始位 ········ 118

7.2　设计思路 ··················· 118

7.2.1　工程结构 ················ 118

7.2.2　初始化任务流程 ·········· 118

7.2.3　任务流程 ················ 119

7.3　设计流程 ··················· 119

拓展设计 ························· 122

思考题 ··························· 122

第8章　液面检测与移液 ·········· 123

8.1　设计思路 ··················· 123

8.1.1　工程结构 ················ 123

8.1.2　初始化任务流程 ·········· 123

8.1.3　液面检测与移液流程 ······ 123

8.2　设计流程 ··················· 124

拓展任务 ························· 126

思考题 ··························· 127

第9章　微型泵控制 ·············· 128

9.1　理论基础 ··················· 128

9.1.1　旋转泵 ·················· 128

9.1.2　隔膜泵 ·················· 130

9.1.3　微型泵的驱动 ············ 131

9.1.4　微型泵接口电路原理图 ···· 132

9.1.5　直线加样与液路清洗实验平台 · 133

9.1.6　清洗液路 ················ 133

9.1.7　Pump 模块函数 ·········· 134

9.1.8　IVD2Driver 模块函数 ···· 135

9.1.9　IVD2Device 模块函数 ···· 137

9.2　设计思路 ··················· 138

9.2.1　工程结构 ················ 138

9.2.2　微型泵控制流程 ·········· 138

9.3　设计流程 ··················· 139

拓展设计 ························· 144

思考题 ··························· 144

第10章　电磁阀控制 ············· 145

10.1　理论基础 ·················· 145

10.1.1　规格参数 ··············· 145

10.1.2　电磁阀基本原理 ········· 145

10.1.3　电磁阀的控制 ··········· 146

10.1.4　电磁阀的液路选择 ······· 147

10.2　设计思路 ·················· 148

10.2.1　电磁阀控制工程结构 ····· 148

10.2.2　初始化任务流程 ········· 148

10.2.3　清洗取样针内壁任务流程 ·· 149

10.3　设计流程 ·················· 149

拓展设计 ························· 152

思考题 ··························· 152

第11章　直线加样与液路清洗 ····· 153

11.1　设计思路 ·················· 153

11.1.1　工程结构 ··············· 153

11.1.2　初始化任务流程 ········· 153

11.1.3 直线加样与液路清洗流程 ····· 153
11.2 设计流程 ·················· 154
拓展设计 ························ 156
思考题 ·························· 156

第 12 章 夹爪控制 ·············· 157
12.1 理论基础 ·················· 157
12.1.1 夹爪规格参数 ··········· 157
12.1.2 夹爪控制电路原理图 ····· 158
12.1.3 夹爪控制时序 ··········· 159
12.1.4 全自动移液移杯实验平台 ··· 160
12.1.5 Claw 模块函数 ········· 161
12.1.6 IVD3Driver 模块函数 ····· 162
12.1.7 IVD3Device 模块函数 ···· 168

12.2 设计思路 ·················· 170
12.2.1 工程结构 ··············· 170
12.2.2 夹爪夹取流程 ··········· 170
12.2.3 夹爪张开流程 ··········· 171
12.2.4 初始化任务流程 ········· 171
12.2.5 夹取测试流程 ··········· 171

12.3 设计流程 ·················· 172
拓展设计 ························ 178
思考题 ·························· 179

第 13 章 移液移杯 ·············· 181
13.1 设计思路 ·················· 181
13.1.1 工程结构 ··············· 181
13.1.2 初始化任务流程 ········· 181
13.1.3 移液移杯流程 ··········· 181

13.2 设计流程 ·················· 182
拓展设计 ························ 185
思考题 ·························· 185

第 14 章 凝块检测 ·············· 186
14.1 理论基础 ·················· 186
14.1.1 凝块检测原理 ··········· 186

14.1.2 传感器规格参数 ········· 186
14.1.3 凝块检测硬件电路 ······· 186
14.1.4 微控制器的凝块检测 ····· 187
14.1.5 液路凝块检测实验平台 ··· 188
14.1.6 Grume 模块函数 ········ 188
14.1.7 IVD4Driver 模块函数 ···· 189
14.1.8 IVD4Device 模块函数 ··· 194

14.2 设计思路 ·················· 196
14.2.1 工程结构 ··············· 196
14.2.2 凝块检测流程 ··········· 196
14.2.3 初始化任务流程 ········· 196
14.2.4 凝块检测实验流程 ······· 196
14.2.5 清洗取样针任务流程 ····· 196

14.3 设计流程 ·················· 198
拓展设计 ························ 208
思考题 ·························· 209

第 15 章 液路凝块检测 ·········· 210
15.1 设计思路 ·················· 210
15.1.1 液路凝块检测工程结构 ··· 210
15.1.2 初始化任务流程 ········· 210
15.1.3 液路凝块检测流程 ······· 210
15.1.4 清洗取样针任务流程 ····· 211

15.2 设计流程 ·················· 211
拓展设计 ························ 214
思考题 ·························· 214

附录 A 本书配套的资料包介绍 ···· 215
附录 B 体外诊断控制板原理图 ···· 216
附录 C STM32F103RCT6 引脚定义 ·· 222
附录 D 体外诊断实验平台端口分配 ·· 226
附录 E C 语言软件设计规范
(LY-STD001-2019) ···· 227
附录 F 故障排除 ················ 234
参考文献 ······················ 236

第1章 概述

1.1 体外诊断概述

1.1.1 体外诊断定义

体外诊断（In Vitro Diagnosis，IVD）是指在人体外通过某种设备和试剂对人体的血液、体液、组织及分泌物等样品进行检测，并获取临床诊断信息的一系列过程，是疾病的预测（预防）、诊疗、预后及健康水平评价过程中重要的环节，70%的医疗决策都来源于体外诊断。它的主要原理是诊断试剂与人体的组织或分泌物在体外发生某种生物化学反应，而反应的速度或强度与组织或分泌物中某种物质的数量或性质有关，因此通过测定反应的速度或强度就可以推测或计算出该物质的量或性质，然后与正常的指标做比对，从而得出人体的生理状态。

体外诊断主要应用于感染性疾病检测、艾滋病检测、心血管疾病检测、肿瘤标志物检测、免疫性疾病检测、肾脏疾病检测和药物检测等方面。

1.1.2 体外诊断产品分类

体外诊断按检测原理或检测方法可以分为生化诊断、免疫诊断、分子诊断、血液诊断、微生物诊断等。其中，生化诊断、免疫诊断基于小分子物质化学反应或蛋白类物质抗原抗体结合的原理检测标志物，分子诊断是指在基因水平进行检测，具有更高的灵敏度和特异性。表 1-1 介绍了几类诊断的方法及特点。

表 1-1 体外诊断按检测原理分类情况

类　别	概　述	特　点
生化诊断	通过各种生物化学反应或免疫反应，测定体内酶类、糖类、脂类、蛋白和非蛋白氮类、无机元素类等生物指标的诊断方法	侧重于对样品中高浓度化学物质的检测，精度要求低，线性范围较宽
免疫诊断	通过抗原与抗体相结合的特异性反应进行测定的诊断方法，目前有同位素放射免疫（RIA）、酶联免疫（ELISA）、荧光免疫、化学发光（CLIA）、胶体金等多种方法	侧重于对样品中微量物质的检测，精度要求较高，线性范围较窄
分子诊断	主要是对与疾病相关的蛋白质和各种免疫活性分子及编码等分子的基因进行测定的诊断方法，目前主要有核酸扩增技术（PCR）、基因芯片技术等方法	侧重于对样品中基因及分子的检测
血液诊断	主要是对血细胞、止凝血、尿液、胸液、脑积液等进行检验，诊断各种血液、神经、消化、生殖等系统的疾病	侧重于对样品中细胞等有形物质的检测
微生物诊断	通过对临床标本进行病原学诊断和药物敏感性分析，为临床感染性疾病的预防、诊断、治疗和疗效观察提供科学依据	侧重于对样品中微生物的检测

体外诊断按检测时对实施场地要求的不同，还可分为中心实验室诊断和即时诊断（Point of Care Testing，POCT），如表 1-2 所示。

表 1-2　体外诊断按实施场地要求分类情况

类　别	定　义	检 测 场 地	特　点	应 用 领 域
中心实验室诊断	对病人的血液、体液、分泌物、排泄物和脱落物等标本,通过目视观察、物理、化学、仪器或分子生物学方法进行检测,并强调对检验全过程(分析前中后)采取严密质量管理措施以确保检验质量,从而为临床提供有价值的实验资料	要在医院检验科使用	优势:检测过程受到严密的质量控制,实验结果精确,检测实施的自动化程度高,检测通量高 劣势:检测流程烦琐,时间长,仪器操作复杂且需经常校正,对于操作人员专业性要求高	医院病房、门急诊、各类体检中心
POCT	在病人旁边进行的快速诊断,在采样现场即刻进行分析,省去了标本在实验室检验时的复杂处理程序,是快速得到检验结果的一类新方法	既可在检验科使用,也可在医院各临床科室、手术室、急诊室、家庭等场所使用	优势:检测时间短,检测空间不受限制,标本一般不需处理,用量少,仪器操作简单 劣势:实验结果精确度相对较低	院前急救、院内快速诊断、自然灾害抢救、刑侦缉毒、家庭日常检测

　　除了上述分类方法,我国《体外诊断试剂注册管理办法》按照试剂的风险程度将 IVD 试剂分为三类,如表 1-3 所示。

表 1-3　体外诊断试剂分类情况

类　别	风 险 程 度	备案/注册	审 批 部 门
第一类产品	风险程度低,实行常规管理可以保证其安全、有效的医疗器械	备案	设区的市级人民政府食品药品监督管理部门
第二类产品	中等风险,需要严格控制管理以保证其安全、有效的医疗器械	注册	省、自治区、直辖市人民政府食品药品监督管理部门
第三类产品	较高风险,需要采取特别措施严格控制管理以保证其安全、有效的医疗器械	注册	国务院食品药品监督管理部门

1.1.3　全球体外诊断市场现状

　　从市场规模来看,全球体外诊断市场发展经历了 100 多年,当前处于稳定发展期,根据 2020 年 AMR(Allied Market Research,联合市场调研)公布的数据显示,在 2020 年,全球体外诊断市场规模达到 747 亿美元,预测未来十年内将维持 3%～5%的年增长率,如图 1-1 所示。慢性病、传染病发病人数的不断增长和体外诊断检测技术的不断发展,成为驱动体外诊断市场不断发展的主要因素。

　　经过多年发展,体外诊断在全球范围内已成为拥有数百亿美元庞大市场容量的成熟行业,市场集中度较高,并聚集了一批著名的跨国企业集团,主要分布在北美、欧洲等体外诊断市场发展早、容量大的经济发达国家,并已经形成以罗氏、雅培、丹纳赫、西门子为主的较为稳定的"4+X"格局,其产品线丰富,不仅包括各类体外诊断试剂,还包括各类诊断仪器,以及与之相关的医疗技术服务,且在各自细分领域都极具竞争力。如图 1-2 所示,"罗、雅、丹、西"四大巨头企业的全球市场占有率为 46%,均涵盖血液体液、生化、免疫、分子、POCT 业务,且在 5 个子领域的市场占有率均超过 10%。

图 1-1 全球体外诊断行业市场规模与增速

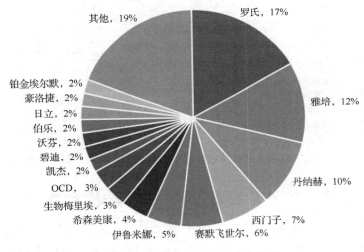

图 1-2 全球体外诊断行业竞争格局

1.1.4 我国体外诊断市场现状

我国体外诊断行业起步晚，人均消费水平低，目前处于追赶发达国家的快速发展期。如图 1-3 所示，2014 年我国体外诊断行业市场规模为 300 亿元，2019 年增加到 705 亿元，五年复合增长率为 18.6%，远高于同时期全球平均增长水平。

我国体外诊断市场外资品牌占据主导地位，目前国产品牌市场份额和集中度都比较低。如图 1-4 所示，外资品牌"罗、雅、丹、西、希"五大外资巨头市场占有率为 55%；而国内品牌的迈瑞医疗市场占有率为 7%（擅长血液生化免疫）、安图生物为 3%（擅长免疫微生物）、万孚生物为 2%（擅长 POCT）、迈克生物为 1%（擅长生化）。相比之下，国产实力较弱。

图 1-3　中国体外诊断行业市场规模与增速

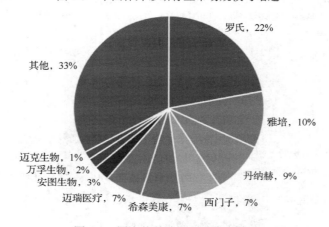

图 1-4　国内体外诊断行业竞争格局

1.2　体外诊断仪器的基本结构和功能

体外诊断仪器是对各类临床标本进行检测的专用医疗设备，较为常见的有全自动生化分析仪、酶联免疫分析仪、血气分析仪等。不同的体外诊断仪器因检测的项目不同，其检测原理、分析技术各异，结构和组成也有较大差异。但总体来说，体外诊断仪器的基本构成都离不开液路、气路、光路、电路及机械传动系统。其中，液路和气路主要与取样、加样、试剂运转、清洗及废液排弃等有关；光路和电路主要与信号检测、信息综合处理有关；而机械传动系统则贯穿检测分析的全过程。

本节将结合本书配套的 4 款体外诊断实验平台的功能模块，对体外诊断仪器的基本结构和功能进行简要介绍，按功能可大致分为主控模块、光学模块、运动模块、移液模块和液路控制模块 5 个部分。

1.2.1　主控模块

体外诊断控制板是体外诊断实验平台的主控模块，是驱动体外诊断实验平台工作的控制模块，其正面图、正面关键部件示意图和背面图分别如图 1-5、图 1-6 和图 1-7 所示，体外诊断控制板提供的资源非常丰富，有大量的外设接口可连接步进电机、光耦、夹爪等设备。下面将详细介绍体外诊断控制板上的资源。

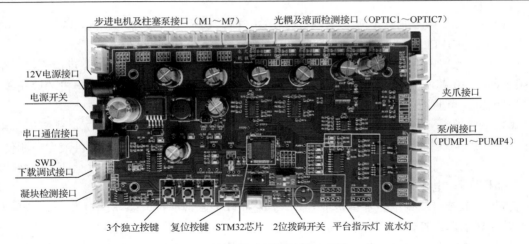

图 1-5 体外诊断控制板正面图

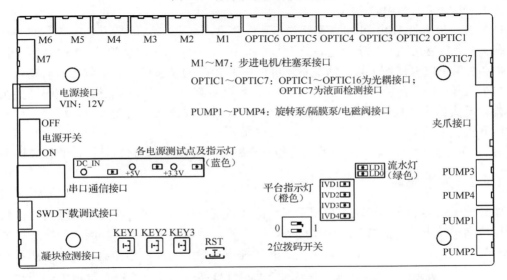

图 1-6 体外诊断控制板正面关键部件示意图

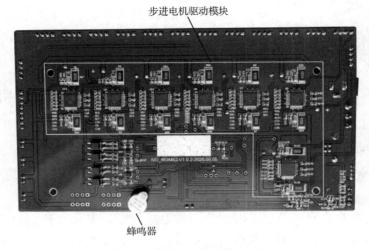

图 1-7 体外诊断控制板背面图

（1）STM32 微控制器型号为 STM32F103RCT6，该芯片内核为 Cortex-M3，拥有 48KB SRAM 和 256KB Flash，主频高达 72MHz。

（2）7 个步进电机接口（M1～M7），可同时控制 7 个步进电机。每个步进电机接口都由一颗 TMC2130 芯片控制，这使得步进电机的控制十分简单，无须关注步进电机的底层操作，只需要提供一个脉冲即可让步进电机前进一步。

（3）6 个光耦接口（OPTIC1～OPTIC6）及一个液面检测接口（OPTIC7），光耦通常用于归位校准，可以为体外诊断实验平台提供 6 个点的位置信息，接口 OPTIC7 供液面检测使用。

（4）4 个泵/阀接口（PUMP1～PUMP4），每个接口都是独立的，可同时驱动 4 个微型泵，也可以用于驱动电磁阀。

（5）夹爪接口，夹爪控制有两种方式，通过 I/O 控制或通过 RS485 发送指令，两种方式都可以使夹爪正常工作。本书使用的是 I/O 控制。

（6）凝块检测接口，避免取样针取样时因吸附凝块而堵塞。

（7）蜂鸣器用于警报或提示。

（8）两个流水灯 LD0 和 LD1 用于指示程序正常运行。

（9）3 个独立按键，在演示程序及本书实验中，KEY1 用于归位校准，KEY2 用于执行任务，KEY3 用于取消任务。紧急情况下还可以按下 RST 复位按键，强制终止所有动作。

（10）2 位拨码开关，开关拨至左侧为 0，拨至右侧为 1，程序通过读取拨码开关执行相应体外诊断实验平台程序。注意，程序只在初始化时读取拨码开关输入值，程序运行后再修改拨码开关将被视为无效操作，体外诊断控制板不予处理。

（11）平台指示灯用于提示当前的实验平台编号（IVD1～IVD4）及执行的相应程序。

1.2.2　光学模块

体外诊断仪器的光学模块主要用于对样品和试剂反应后的产物的光学特性进行检测，从而计算待测样品中成分的含量，除此之外，光学模块也常用于移液、样品传动等运动过程中的位置检测。光学模块一般由光源、分光器和光电检测器三部分组成。本书配套的体外诊断实验平台不涉及反应产物的光学特性检测，因此，下面主要介绍用于位置检测的槽型光耦部件。

槽型光耦外形结构如图 1-8 所示。槽型光耦又称槽型光电开关，它以红外光为媒介，以发光体与受光体间的光路遮挡或以反射光的光亮变化为信号，用于检测物体的位置、有无等。在体外诊断实验平台中，槽型光耦主要用于取样臂、夹爪、柱塞泵等部件的定位和归位校准，平台每次初始化后都应先按下 KEY1 按键归位校准，再执行后续任务。

图 1-8　槽型光耦外形结构图

1.2.3　运动模块

体外诊断仪器的运动模块按功能可分为取样运动模块、样品传动模块、搅拌混匀模块等。

1. 取样运动模块

取样运动模块的功能是吸取、转移注射样品或试剂，是体外诊断仪器的重要组成部分。取样运动模块需要完成的工作有两个部分，一是在水平面上达到预定的取样位置；二是取样针垂直水平面移动，下降到液面以下吸取样品，然后抬升进行后续动作。在本书配套的体外诊断实验平台中，取样运动模块主要由取样臂、步进电机和二自由度构型机械臂组成。

（1）取样臂

取样臂的外形结构如图 1-9 所示，取样臂上固定着取样针，安装在二自由度构型的机械臂上，能够随着机械臂的运动带动取样针竖直移动和水平旋转。

（2）步进电机

步进电机的外形结构如图 1-10 所示。步进电机是一种控制用的特种电机，其旋转是以固定的角度（称为步距角）一步一步运行的，特点是没有积累误差，所以广泛应用于各种开环控制系统，是现代数字程序控制系统中的主要执行元件。通过控制步进脉冲信号的频率，可以对步进电机进行精确调速，而通过控制步进脉冲的个数，可以对步进电机进行精确定位，从而实现样品和试剂的精确移动和定量加样。

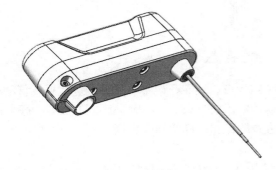

图 1-9　取样臂外形结构图

图 1-10　步进电机外形结构图

（3）二自由度构型机械臂

二自由度构型包括两个可移动关节，每个关节均由一个步进电机进行精确控制，此种构型一般需要样品盘或试剂盘的协同动作，控制稍复杂，但协同动作能够有效提高工作效率、加快速度，而且结构紧凑、体积小，多个臂在工作时运动空间间距较远，工作空间不受限制，不用考虑臂与臂的运动干涉问题，是目前绝大多数体外诊断仪器取样运动模块较为主流的构型。

本书配套的体外诊断实验平台，根据关节移动方式的不同，可分为 X-Z 轴型机械臂和 Z 轴-R 平面型机械臂两种（X、Y、Z 轴和 R 平面的关系如图 1-11 所示）。

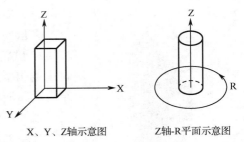

X、Y、Z轴示意图　　　　Z轴-R平面示意图

图 1-11　X、Y、Z 轴和 R 平面关系示意图

Z 轴-R 平面型机械臂模型如图 1-12 所示，包括一个竖直移动关节和水平旋转关节，分别由一个竖直移动电机和水平旋转电机控制，该构型机械臂应用在液面检测与移液实验平台、全自动移液移杯实验平台和液路凝块检测实验平台。取样臂被固定在机械臂的上方，由水平旋转电机经同步带和滚珠花键带动花键轴进行水平转动，转轴旁配有一个槽型光耦，用于确定取样臂的位置，据此实现取样、加样等位置的准确定位。竖直移动电机则通过同步带驱动滚珠花键进行上下移动，使取样针在水平面上到达取样位置后能够下降到液面位置，实现取样和加样，同时，竖直方向也配有一个槽型光耦，可以限制竖直最高点的位移，防止机械臂发生碰撞。

X-Z 轴型机械臂模型如图 1-13 所示，包括一个竖直移动关节和水平移动关节，两个关节同样由两个步进电机控制，该构型机械臂应用于直线加样与液路清洗实验平台中。

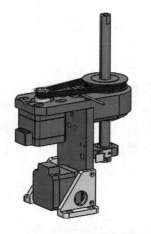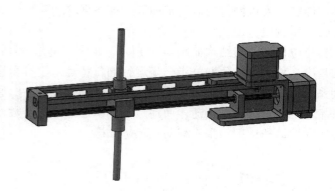

图 1-12　Z 轴-R 平面型机械臂模型　　　　　　图 1-13　X-Z 轴型机械臂模型

取样针安装在竖直机械臂下端，水平电机经同步带和滚珠花键带动花键轴进行直线移动。竖直电机则通过丝杆螺母和螺母固连的竖直移动基座，来驱动滚珠花键进行上下移动，每个移动方向均由一个槽型光耦进行定位，从而保证直线取样和加样的精确进行。

2. 样品传动模块

样品传动包括两种，一种是反应杯或试管的传动，多为直线运动，类似于传送带的传动，是实现设备全自动的关键；另一种是样品盘（包括试剂盘及反应盘）的运动，多为旋转运动，通过旋转固定角度，减小取样针不必要的角度变化，从另一个方面提高取样的精确度。在本书配套的体外诊断实验平台中，样品传动模块主要包括夹爪、三自由度构型机械臂和反应盘传动模块。

（1）夹爪

夹爪的外形如图 1-14 所示，可自由设定力矩，具有 485 通信模块和 I/O 控制功能。夹爪采用电机+丝杆的运动方式，安装在三自由度构型的机械臂上，可精确定位到预定夹取位置，用于实现全自动移液移杯实验平台的试管夹取和传动。

（2）三自由度构型机械臂

全自动体外诊断分析仪器在项目测试过程中不能采取手动操作，样品在储存位置、加样位置、搅拌摇匀位置、清洗位置及测量暗室等工作停留点之间的转移需要实现自动化，因此，一整套的自动传动装置对于全自动体外诊断仪器是必不可少的一部分。

全自动移液移杯实验平台采用一个三自由度构型的夹爪来实现样品的全自动传动过程。三自由度构型的夹爪机械臂模型

图 1-14　夹爪的外形结构图

如图 1-15 所示，此构型包括三个平移关节，即三个自由度，分别对应 X、Y、Z 轴三个方向上的移动，由三个步进电机进行控制，前两个关节（X 轴和 Y 轴）用来确定试管位置，最后一个关节（Z 轴）实现在竖直方向上的上下移动。此外，每个轴上都配有一个光耦用于定位。

此构型不需要样品盘和试剂盘的协同动作，只需要固定样品和试剂的位置，然后通过精确控制夹爪的三个轴进行单一的移动动作，就可以实现样品或试剂的高精度定位和夹取，定位时相当于坐标轴定位。但这种构型所占空间相对较大，工作效率和工作空间都受到了一定的限制，当多个轴同时工作时，需要考虑取样臂与夹爪臂之间的干涉问题，避免两个臂之间发生碰撞。

（3）反应盘传动模块

反应盘传动模块如图 1-16 所示，反应盘是样品与试剂进行化学反应的装置，试管的尺寸和数量决定了反应盘的规格。反应盘需要设置恰当数量的试管装载位置，如果位置较少，一次开停机工作时间内检测的项目较少，仪器的检测速度较低，无法达到指标要求；如果位置过多，则反应盘尺寸过大，影响整体结构的布局，而且对反应盘的转动也会产生影响。

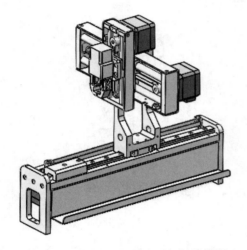 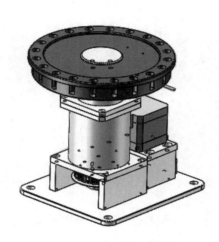

图 1-15　三自由度构型的夹爪机械臂模型　　　　　图 1-16　反应盘传动模块

反应盘由一个步进电机通过同步带和滚珠花键带动花键轴进行水平转动，中心固定轴不动，同时，为了保证取样针可以对反应盘上的所有试管位置都进行加样操作，在反应盘底部还需要装配一个光耦对反应盘的初始位置进行检测。

3．搅拌混匀模块

搅拌混匀模块的功能是对样品和试剂的混合液体进行搅拌，使其充分接触，更快、更完全地进行化学反应。目前使用较多的搅拌混匀模块有三组搅拌棒，具有"一搅二洗"的模式，当第一组搅拌棒在搅拌时，第二组同时采用碱性清洗液进行清洗，第三组采用去离子水进行清洗。三组搅拌棒交替使用，逐步进行清洗，使仪器在固定的机械循环时间内最高效、合理地冲洗搅拌，提高检测速度的同时降低交叉污染发生的概率。由于本书配套的体外诊断实验平台不涉及搅拌混匀功能，这里对该模块不做过多介绍。

1.2.4　移液模块

移液模块用来对待测液体（人体体液，如血清标本、尿液）进行定量取样、分配，完成稀释或混合动作，是体外诊断仪器最终达到"高精度"检测目标的重要组成部分，本书配套体外诊断实验平台的移液模块主要由取样针、柱塞泵、液面检测、凝块检测等部件组成。

1．取样针

取样针是体外诊断仪器的关键部件，其结构通常为中空的针形不锈钢，通过管路将其连接至柱塞泵上的液体入口处，是体外诊断仪器所用的专业稀释/分配器。取样针外形结构如图 1-17 所示，用于试管内样品的取样、加样，使用时要注意避免碰到试管壁，以免取样针变形。

2．柱塞泵

柱塞泵如图 1-18 所示，应用于液面检测与移液实验平台、直线加样与液路清洗实验平台和液路凝块检测实验平台中。柱塞泵与取样针连通，可以控制取样针进行取样和加样。柱塞泵是移液模块的"心脏"，承担着检测试剂和样品的精确泵入和泵出工作，其泵量的精度直接影响仪器加样的精度。

图 1-17　取样针外形结构图

图 1-18　柱塞泵

3．液面检测

液面检测是体外诊断取样和加样过程中的一项关键技术。现在的体外诊断仪器经常需要处理大量样品，为了提高效率，尽可能缩短移液模块的处理时间，取样针必须随着机械臂快速移动，要做到这一点，就必须在移液模块中添加液面传感器，用于精确定位取样针与所要吸取液体表面的相对位置。

本书配套实验平台所用到的液面检测模块如图 1-19 所示，可以在直线加样与液路清洗实验平台的水平机械臂的侧面找到该模块，其余平台的液面检测模块均隐藏在取样臂内部。基于取样针结构（见图 6-1）的液面检测模块能够对试管中样品或试剂的剩余液量进行液面检测，一方面可以避免缺液导致的空吸现象影响生物化学反应的检验结果；另一方面能够控制取样针探入液面的深度，最大限度减少取样针挂液现象引起的携带污染。液位检测的灵敏度和精度是决定其工作性能的重要指标。

4．凝块检测

凝块检测模块如图 1-20 所示，模块应用在液路凝块检测实验平台中，模块内有一个压力传感器，位于取样针和柱塞泵之间，可以实时检测取样针是否吸附到凝块或样品底部的沉淀物；同时，也可以检测移液过程中导管的堵塞问题，识别取样针工作时三种可能的状态：正常工作、堵塞和遇到泡沫，从而判断取样针是否出现了错误取样。

图 1-19　液面检测模块

图 1-20　凝块检测模块

1.2.5　液路控制模块

体外诊断仪器为达到测试多种指标的目的，有时需要同时使用多种液体试剂，例如，全自动血细胞分析仪通常使用了稀释液、清洗液、溶血素三种液体。因此，体外诊断仪器需要液路控制模块来控制多种液体在液路系统中的流动次序、流动方向，以及每种液体在液路系统中的流动路径、流动速度及流量。

体外诊断实验平台的液路控制模块主要由导管、电磁阀、微型泵等组成。

1．导管

导管是液路的连接单元，能够引导液体试剂流向所需模块，是整个液路系统的骨架。液路控制模块中的导管通常使用弹性较好的硅橡胶管或优质塑料管，内径大多做得很细，约为 1mm，在节约液体和提高检测速度的同时，可以有效减少导管之间发生污染、堵塞、破裂或接头松脱等现象。

2．电磁阀

电磁阀通常设置在液路管道的交点上，用来控制管道中液体的通断、流向和通道（接口）选择。在一些液路通道多而复杂的体外诊断仪器中，液路中使用的电磁阀数量和种类很多，例如，BC-3000plus 血细胞分析仪使用了 32 个电磁阀，其中包括二通阀、三通阀、夹断阀等数种不同的电磁阀。

体外诊断实验平台使用的电磁阀如图 1-21 所示，属于两位三通阀的一种，应用于直线加样与液路清洗实验平台和液路凝块检测实验平台中，用于控制液路导向，实现取样针内外壁清洗液路的通道切换。

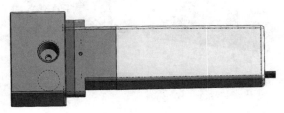

图 1-21　电磁阀

3．微型泵

体外诊断实验平台使用的微型泵有旋转泵和隔膜泵两种，应用于直线加样与液路清洗实验平台和液路凝块检测实验平台中，它们是液路控制模块中液体流动的动力来源。旋转泵如图 1-22 所示，作用是从清洗瓶中吸取清洗液。隔膜泵如图 1-23 所示，作用是回收清洗台中清洗后产生的废液。

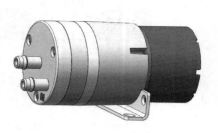

图 1-22　旋转泵　　　　　　　　　　　图 1-23　隔膜泵

现代体外诊断仪器的液路控制系统已向高集成度、模块化发展，把多个电磁阀和微型泵等集成在一起，缩短导管连接长度，将原本体积较大且复杂的管路结构变成体积小、结构清晰的模块，在减少系统元器件的同时，使仪器更加紧凑，更易于携带。

除了上述提到的 5 个模块，温度控制模块也是大多数体外诊断仪器的重要组成单元，为化学反应、酶促反应、细菌培养、试剂储存等提供温度保障和精准控制。温度控制模块按照温度控制范围可分为加热恒温模块和制冷恒温模块两类。本书不涉及温度控制模块的功能，这里不过多介绍。

1.3　体外诊断仪器原理与设计实验平台简介

本书将通过图 1-24 所示的 4 款实验平台重点介绍体外诊断仪器的原理与设计，体外诊断中的试剂研发及检测原理等部分可以参考其他相关书籍。通过本书，将学习体外诊断仪器开发过程中涉及的主要模块（如步进电机、光耦检测、液面检测、柱塞泵、微型泵、电磁阀、夹爪和液路凝块检测）的工作原理，并掌握体外诊断仪器从硬件到软件的完整开发流程。

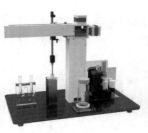

（a）液面检测与移液实验平台　　（b）直线加样与液路清洗　　（c）全自动移液移杯实验平台　　（d）液路凝块检测实验平台
　　（编号：IVD1）　　　　　　实验平台（编号：IVD2）　　　（编号：IVD3）　　　　　　（编号：IVD4）

图 1-24　4 款体外诊断实验平台

1.3.1　液面检测与移液实验平台

如图 1-25 所示，液面检测与移液实验平台集成了二自由度（Z 轴和 R 平面）运动的机械臂、自动液面检测和加样取样等技术。该平台带有高灵敏度液面检测模块，检测灵敏度可达 5μL，性能稳定，可减少针表面携带污染。取样臂具有断电防跌落功能，可 360° 旋转，滚珠花键结构有效提高了传动精度和使用寿命。取样臂上的取样针采用钛合金材质，具有良好的防撞功能，其口部采用变径处理，防止液体粘连，针外壁由特氟龙包被，内壁流体抛光，高精度柱塞泵最小加样量为 5μL，可确保精确加样。平台配置了 7 个试剂/样品位，可根据试剂要求完成相应的取样加样动作。

　　下面介绍液面检测与移液实验平台的演示程序，本书配套的 4 款体外诊断实验平台共用同一套演示程序，通过平台的体外诊断控制板上的拨码开关可选择执行相应平台的演示任务。首先，将体外诊断控制板上的拨码开关调整至"00"（开关拨至左侧为 0，拨至右侧为 1），然后在本书配套资料包的"04.例程资料\IVD 演示工程\Project"文件夹中，双击运行 STM32KeilPrj.uvprojx 工程，单击工具栏中的 按钮，当 Build Output 栏出现"FromELF: creating hex file..."时，表示已经成功生成.hex 文件，出现"0 Error(s), 0 Warnning(s)"表示编译成功。最后，将.axf 文件下载到 STM32 的内部 Flash 中，若 LD0 和 LD1 交替闪烁，则程序运行正常，可以进入下一步操作，具体操作可参见 3.3 节步骤 13。

　　在图 1-26 所示的试管 1 和试管 7 中各加入 1/2 容量的液体，然后按 KEY1 按键归位校准，校准后蜂鸣器会响一下，提示校准完成，接着按 KEY2 按键执行演示任务。液面检测与移液实验平台首先对试管 1 内的部分液体进行取样，并加样至试管 7 中，再将试管 7 内的部分液体转移回试管 1，如此循环往复。

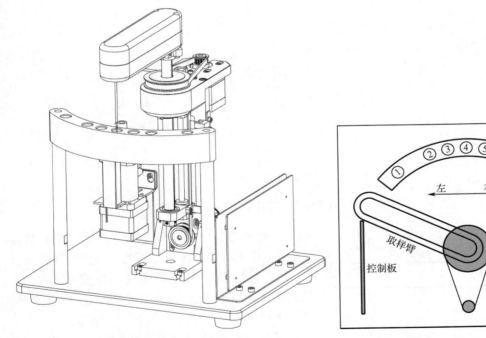

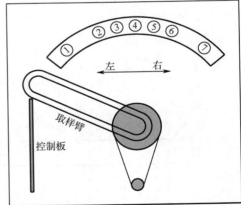

图 1-25　液面检测与移液实验平台（编号：IVD1）　　　　图 1-26　液面检测与移液实验平台示意图

　　按 KEY3 按键可以取消演示任务，紧急情况可以按 RST 复位按键终止所有动作。

1.3.2　直线加样与液路清洗实验平台

　　如图 1-27 所示，编号为 IVD2 的直线加样与液路清洗实验平台集成了二自由度（X 轴和 Z 轴）运动的机械臂、液面检测、加样取样和液路清洗等技术。二自由度包括一个 X 轴关节和一个 Z 轴关节，由两个步进电机精准控制取样针在 X 轴和 Z 轴上的位置，可在样品区内任意位置完成目标加样和取样。该平台同样集成了 5μL 检测灵敏度的液面检测模块。采用三元乙丙橡胶和特种氟橡胶为膜片材料的三通阀，在保证耐受不同工作状况、不同试剂的条件下，选择不同液路，达到清洗外壁和内壁的目的。隔膜泵内置单向阀片，内部电机通过偏心轮带动弹性膜片往复运动，将清洗液泵入三通阀选择的通道并清洗取样针。旋转液泵将清洗后的废液排入废液瓶，完成清洗动作。

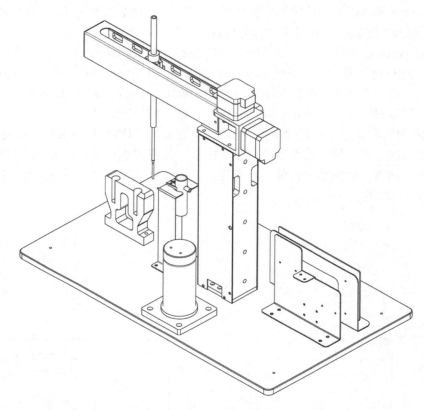

图 1-27　直线加样与液路清洗实验平台（编号：IVD2）

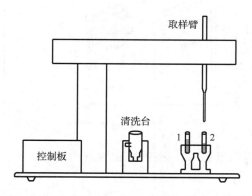

图 1-28　直线加样与液路清洗实验平台示意图

下面介绍直线加样与液路清洗实验平台的演示程序，首先将体外诊断控制板上的拨码开关调整至"01"，然后将"04.例程资料\IVD 演示工程"下载到体外诊断控制板中，若 LD0 和 LD1 交替闪烁，则程序运行正常，可以进入下一步操作。

在如图 1-28 所示的试管 1 和试管 2 中加入 1/2 容量的液体，然后按 KEY1 按键归位校准，待蜂鸣器响过后，按 KEY2 按键执行演示任务。平台首先对试管 2 内的部分液体取样并加样至试管 1，然后前往清洗台清洗取样针，最后将试管 1 内的部分液体转移回试管 2，如此循环往复。

1.3.3　全自动移液移杯实验平台

如图 1-29 所示，编号为 IVD3 的全自动移液移杯实验平台集成了三自由度（X 轴、Y 轴和 Z 轴）运动的样品夹取轨道、二自由度（Z 轴和 R 平面）运动的取样臂和自动移液移杯等技术。三自由度包括三个平移关节，此构型能通过精确控制三个轴上的步进电机进行单一的移动动作，定位时相当于坐标轴定位。该平台带有可自由设定力矩的反馈式电动夹爪，通过精准控制 X、Y、Z 三个轴关节上的步进电机，可实现夹爪对样品及试剂的高精确定位和夹取，同时，夹爪还具有 485 通信模块和 I/O 控制功能，可快速、灵活地移液移杯。

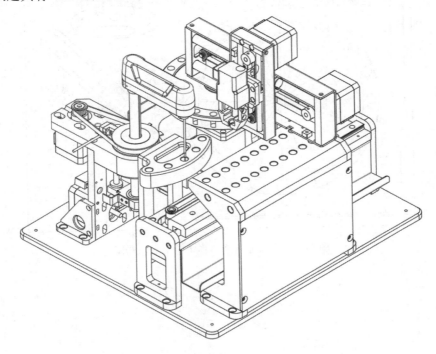

图 1-29　全自动移液移杯实验平台（编号：IVD3）

下面介绍全自动移液移杯实验平台的演示程序，上电前首先将夹爪移动到图 1-30 左上方的位置，然后将体外诊断控制板上的拨码开关调整至 "10"，最后将 "04.例程资料\IVD 演示工程" 下载到体外诊断控制板中，等待 LD0 和 LD1 正常交替闪烁，即可进入下一步操作。

在如图 1-30 所示的样品盘 1 号位置、5 号位置和矩阵样品台（10，2）位置各放一支试管，在反应盘上放满试管。按 KEY1 按键归位校准，待蜂鸣器响过后，再按 KEY2 按键执行演示任务。全自动移液移杯实验平台的取样臂将在样品盘 5 号位置和反应盘取样加样位置分别进行一次取样加样动作，同时夹爪将依次在反应盘的夹取放置位置、样品盘试管 1 位置和矩阵样品台（10，2）位置做夹取试管测试，如此循环往复。

1.3.4　液路凝块检测实验平台

如图 1-31 所示，编号为 IVD4 的液路凝块检测实验平台集成了二自由度（X 轴和 Z 轴）运动的机械臂、液面检测、加样取样、液路清洗和液路凝块检测等技术。该平台同样配备了最小加样量为 5μL 的精密柱塞泵，具有极高的吸/排液精度和准确度，可实现精密取样及试剂分配。在吸液过程中，可通过液路压力检测模块实时检测取样针是否吸入凝块或样品底部的沉淀物，避免液路堵塞。同时，完成每次加样后，通过泵阀驱动控制清洗取样针内外壁，避免取样针及管道内部所遗留的样品残渣在下次取样过程中对其他样品造成交叉污染。

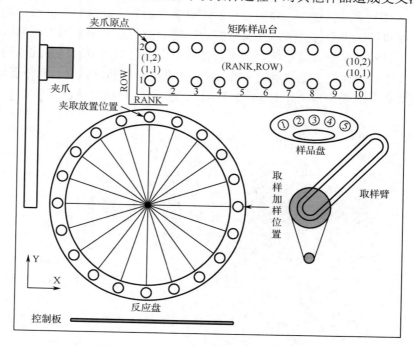

图 1-30　全自动移液移杯实验平台示意图

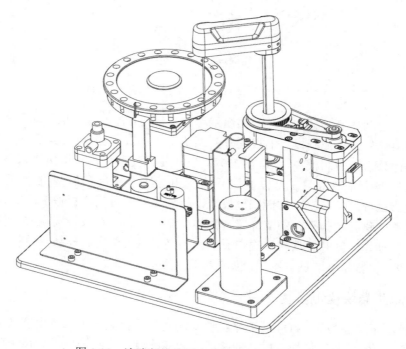

图 1-31　液路凝块检测实验平台（编号：IVD4）

　　下面介绍液路凝块检测实验平台的演示程序，首先将体外诊断控制板上的拨码开关调整至"11"，然后将"04.例程资料\IVD 演示工程"下载到体外诊断控制板中，若 LD0 和 LD1 正常交替闪烁，则表示演示工程是正确的，可以进入下一步操作。

　　在如图 1-32 所示的反应盘上放两支试管，其中一只加入 2/3 容量的液体，另一只加入 2/3 容量的凝块。按 KEY1 按键归位校准，待蜂鸣器响过后，按 KEY2 按键执行演示任务。液路凝块检测实验平台将循环检测反应盘上的试管，若检测到液体，则做取样加样测试；若检测到凝块，则清洗取样针的内外壁；若未检测到液面，则认为该位置无试管，反应盘自动转到下一支试管的位置进行检测。

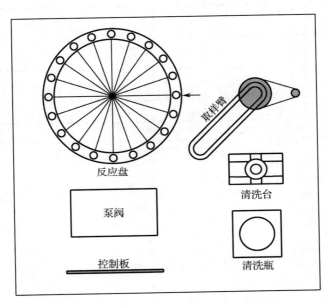

图 1-32　液路凝块检测实验平台示意图

1.4　体外诊断实验编排

　　基于本书配套的 4 款体外诊断实验平台可以开展的实现非常丰富，这里仅列出具有代表性的 13 个实验，按类型可分为基础功能实验和综合应用实验两类，这 13 个实验的编排顺序及两类实验间的联系如图 1-33 所示。第 3～7、9、10、12、14 章为基础功能实验，其中的第 3 章 F103 基准工程创建介绍了本书的开发环境，搭建了本书所有实验的工程整体框架，其余实验将在此基础上逐步对体外诊断仪器涉及的各主要模块进行拆分讲解；第 8、11、13、15 章为综合应用实验，分别是对 4 款体外诊断实验平台的综合应用，通过在基础功能实验间穿插综合应用实验，有助于读者在掌握基础功能后立即结合所学知识进行系统性的应用，能够更好地掌握体外诊断仪器从硬件到软件的完整开发流程。

　　除此之外，各基础功能实验之间也存在着一定的联系，这些联系会在相应的章节进行更为详细的介绍。

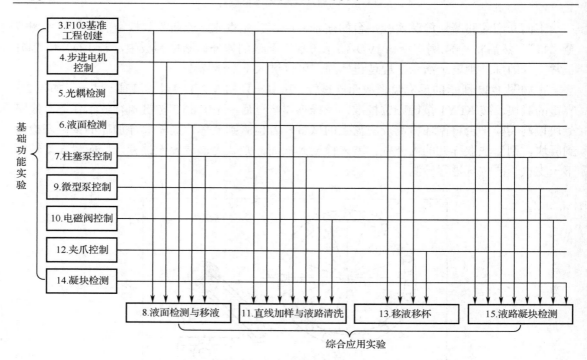

图 1-33　体外诊断设计编排顺序图

第 2 章 体外诊断控制板硬件电路设计

2.1 电源电路

2.1.1 12V 转 5V 电路

12V 转 5V 电路如图 2-1 所示，用于将 12V 输入电源转换成 5V，供给后续电路使用。SS34 二极管 VD_7 和 VD_1 用于控制电流单向流动，二极管上会产生约 0.4V 的正向电压差。在电源和地之间连接的电容起到储能和滤波的作用，当耗电增大导致电源电压降低时，电容会把储存的电能释放出来用于稳定电路，同时，采用大中小三种电容进行滤波，可以使直流输出更为平滑。该电路使用的是 LM2596S-5.0 芯片，是一种降压型的开关电压调节器，能够输出 3A 的驱动电流，同时具有很好的线性和负载调节特性，固定输出为 5V，可以为控制板提供强大的电源。

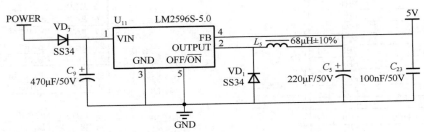

图 2-1　12V 转 5V 电路图

2.1.2 5V 转 3.3V 电路

5V 转 3.3V 电路如图 2-2 所示。二极管 VD_8 用于控制电流单向流动，二极管上会产生约 0.4V 的正向电压差，因此低压差线性稳压电源 U_2（BL8064CB3TR33）输入端（VIN）的电压并非 5V，而是 4.6V 左右。经过低压差线性稳压电源的降压，会在 U_2 的输出端（VOUT）产生一个 3.3V 的电压。BL8064CB3TR33 芯片属于低功耗器件，正常工作时功耗非常低，消耗电流约为 10 A，输出最大电流为 200mA。

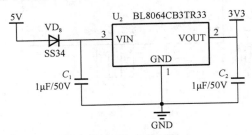

图 2-2　5V 转 3.3V 电路图

2.2　微控制器电路

微控制器电路选用的主控芯片是 STM32F103RCT6，用于控制各种应用，就像人类的大脑。除此之外，这部分电路还有一些相关模块电路，包括复位电路、SWD 调试接口电路、晶振电路、独立按键电路、LED 电路、平台选择电路、串口调试电路、蜂鸣器电路和各种接口电路。

STM32 微控制器电路是体外诊断控制板的核心部分，其电路原理图如图 2-3 所示，由滤波电路、STM32 微控制器、启动模式选择电路组成。

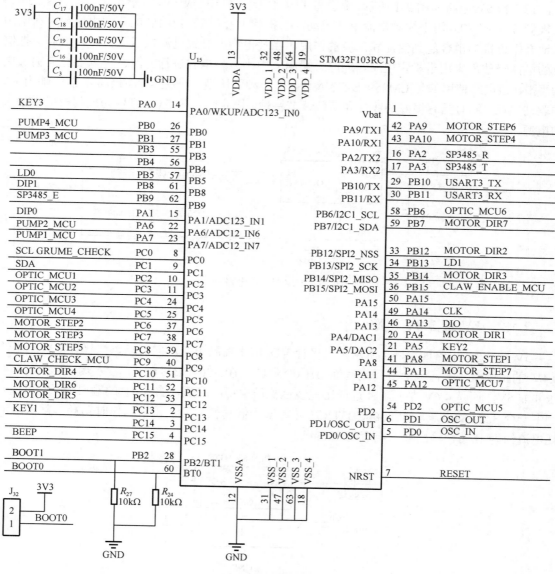

图 2-3　STM32 微控制器电路原理

电源网络上通常都会有高频噪声和低频噪声，而大电容对低频有较好的滤波效果，小电容对高频有较好的滤波效果。STM32F103RCT6 有四组数字电源-地引脚，分别是 VDD_1 与

VSS_1、VDD_2 与 VSS_2、VDD_3 与 VSS_3、VDD_4 与 VSS_4，还有一组模拟电源和地引脚，即 VDDA 与 VSSA。电容 C_{16}、C_{17}、C_{18} 和 C_{19} 分别用于滤除四组数字电源引脚上的高频噪声；电容 C_3 用于滤除模拟电源引脚上的高频噪声。为了达到良好的滤波效果，还需要在进行 PCB 布局时，尽可能将这些电容摆放在对应的电源和地回路之间，且布线越短越好。

　　BOOT0 引脚（60 号引脚）、BOOT1 引脚（28 号引脚）为 STM32F103RCT6 启动模块选择端口，分别通过 10kΩ 下拉电阻连接到地网络，因此在默认状态下，这两个引脚电平是低电平。当 BOOT0 为低电平时，系统从内部 Flash 启动，默认情况下，J_{32} 不需要插跳线帽连接 3.3V 电源网络。

2.3　功能模块电路

2.3.1　复位电路

　　复位电路如图 2-4 所示，RESET 信号与 STM32F103RCT6 芯片的 NRST 引脚相连，用于芯片复位，NRST 引脚通过一个 10kΩ 上拉电阻连接到 3.3V 电源网络，因此在默认状态下，RESET 为高电平；只有复位按键 RST 按下时，NRST 引脚为低电平，STM32F103RCT6 才进行一次系统复位。

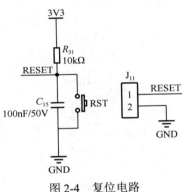

图 2-4　复位电路

2.3.2　SWD 调试接口电路

　　SWD 调试接口电路如图 2-5 所示，该接口用于调试和下载程序。SWD 只需要 4 根线（CLK、DIO、VCC 和 GND），极大地节省了 I/O 端口。

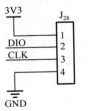

图 2-5　SWD 调试接口电路

2.3.3　晶振电路

STM32 微控制器具有非常强大的时钟系统，除了内置高速和低速的时钟系统，还可以通过外接晶振为 STM32 微控制器提供高精度的高速和低速时钟系统。图 2-6 所示为外接晶振电路，X_7 为 8MHz 无源晶振，连接到时钟系统的 HSE（外部高速时钟）。

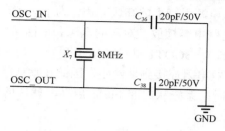

图 2-6　晶振电路

2.3.4　独立按键电路

体外诊断控制板上有三个独立按键，分别是 KEY1、KEY2 和 KEY3，其原理图如图 2-7 所示。每个按键都与一个电容并联，且通过一个 10kΩ 电阻连接到 3V3 电源网络。按键未按下时，输入到 STM32 微控制器的电压为高电平；按键按下时，输入到 STM32 微控制器的电压为低电平。网络 KEY1、KEY2 和 KEY3 分别连接在 STM32F103RCT6 芯片的 PC13、PA5 和 PA0 引脚上。

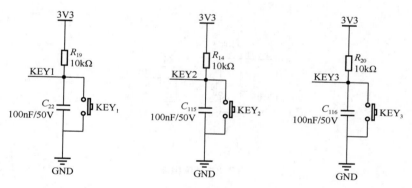

图 2-7　独立按键电路

2.3.5　LED 电路

体外诊断控制板上有两个 LED 灯，均为绿色，每个 LED 分别与一个 1.5kΩ 电阻串联接到 STM32F103RCT6 芯片的引脚上，在 LED 电路中，电阻起着分压限流的作用，如图 2-8 所示。网络 LD0 和 LD1 分别连接 STM32F103RCT6 芯片的 PB5 和 PB13 引脚。

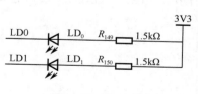

图 2-8　LED 电路

2.3.6　平台选择电路

体外诊断控制板是一个通用板，4 款实验平台均使用同样的控制板。为了区分不同的实验平台，体外诊断控制板上提供了平台选择电路，用于指示平台编号。平台选择电路由拨码开关和平台指示电路组成。

1. 拨码开关电路

拨码开关电路如图 2-9 所示。网络 DIP0 和 DIP1 分别连接 STM32F103RCT6 芯片的 PA1 和 PB8 引脚。拨码开关编码与平台的对应关系如表 2-1 所示。体外诊断实验平台初始化时通过读取拨码开关的输入值确定当前实验平台的编号，由电路原理图可知，拨码开关拨至左边为接地，输入值为 0，拨码开关拨至右边连接 3V3 电源，输入值为 1。在本书的演示程序及实验中，初始化后再修改拨码开关将视为无效操作，体外诊断控制板不予处理。

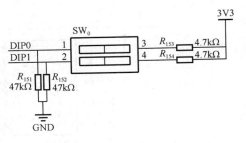

图 2-9　拨码开关电路

表 2-1　拨码开关编码与平台对应关系

平台 编号	液面检测与移液实验平台（IVD1）	直线加样与液路清洗实验平台（IVD2）	全自动移液移杯实验平台（IVD3）	液路凝块检测实验平台（IVD4）
DIP0	0	1	0	1
DIP1	0	0	1	1

2. 平台指示电路

平台指示电路由译码器电路和平台指示灯电路组成，如图 2-10 和图 2-11 所示。平台指示灯电路用于提示拨码开关选择了哪款体外诊断实验平台。拨码开关的网络 DIP0 和 DIP1 不仅连接 STM32 微控制器，同时还连接译码器电路。

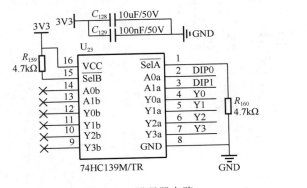

图 2-10　译码器电路

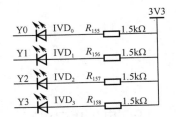

图 2-11　平台指示灯电路

译码器电路由一个双通道 2-4 译码器组成，通道使能端 $\overline{\text{SelA}}$ 和 $\overline{\text{SelB}}$ 低电平有效，体外诊断控制板只用到通道 A。译码器输出端口连接 4 个橙色 LED 灯，每个 LED 灯对应一个体外诊断实验平台编号，起到提示作用。拨动拨码开关后，相应的 LED 灯就会亮起。

2.3.7　串口调试电路

串口调试电路如图 2-12 所示。串口调试电路连接 STM32F103RCT6 芯片的 USART3，该电路只用于调试，由 USB 转串口芯片 CH340G 实现控制板与计算机间的通信与调试功能。可以通过 B 型 USB 线，在计算机上用串口调试助手软件调试体外诊断实验平台。体外诊断实验平台初始化时也会将初始化结果通过串口调试电路发送给计算机，通过串口调试助手打印出来。

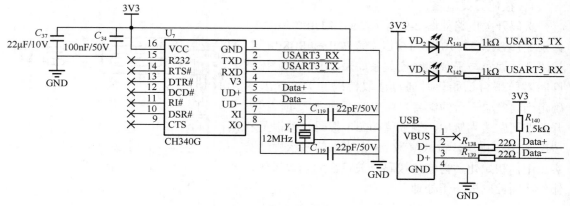

图 2-12　串口调试电路

2.3.8　蜂鸣器电路

体外诊断控制板上有一个蜂鸣器，用于安全警报或提示，电路如图 2-13 所示。网络 BEEP 连接到 STM32F103RCT6 芯片的 PC15 引脚。BEEP 为高电平时，三极管 Q_3 导通，驱动蜂鸣器响起。

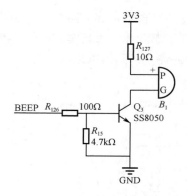

图 2-13　蜂鸣器电路

2.3.9　电机接口电路

体外诊断控制板上有 J_8、J_2、J_7、J_9、J_3、J_6 和 J_{25} 共 7 个电机接口，分别用于控制体外诊断实验的 Motor1～Motor7，图 2-14 所示为 Motor1 所对应的电机接口电路图，Motor2～Motor7 的接口电路与 Motor1 相同，具体的端口定义及控制原理将在后续章节详细介绍。

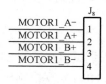

图 2-14　Motor1 接口电路

2.3.10　光耦/液面检测接口电路

体外诊断控制板上有 6 个光耦接口 J_1、J_{10}、J_{12}、J_{17}、J_{18} 和 J_{19}，以及液面检测接口 J_{31}，分别对应体外诊断实验的 OPTIC1～OPTIC7。其中，OPTIC1 接口电路如图 2-15 所示，OPTIC2～OPTIC6 的接口电路与 OPTIC1 相同，OPTIC7 接口电路如图 2-16 所示，OPTIC7 接口电路只用于液面检测。各光耦接口电路具体的端口定义及原理将在后续章节详细介绍。

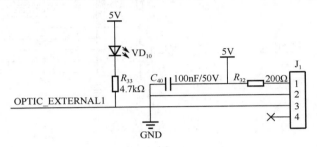

图 2-15　OPTIC1 接口电路

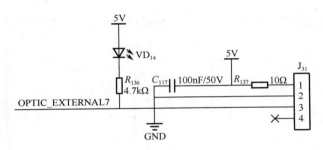

图 2-16　OPTIC7 接口电路

2.3.11　泵/阀接口电路

体外诊断控制板上有 J_4、J_5、J_{20} 和 J_{21} 共 4 个泵/阀接口，分别对应体外诊断实验的 PUMP1～PUMP4。其中，PUMP1 接口电路如图 2-17 所示，PUMP2～PUMP4 的接口电路与 PUMP1 相同，具体的端口定义及控制原理将在后续章节详细介绍。

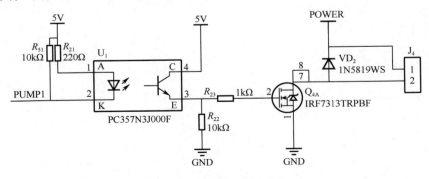

图 2-17　PUMP1 接口电路

2.3.12 夹爪接口电路

夹爪接口电路如图 2-18 所示，具体的端口定义及控制原理将在后续章节详细介绍。

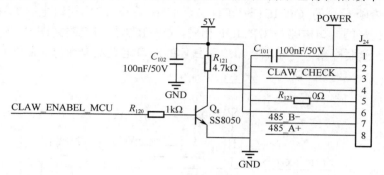

图 2-18　夹爪接口电路

2.3.13 凝块检测接口电路

凝块检测接口电路如图 2-19 所示，具体的端口定义及检测原理将在后续章节详细介绍。

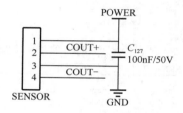

图 2-19　凝块检测接口电路

第3章 F103基准工程创建

本书所有实验均基于 Keil µVision5.20 开发环境，在开始程序设计之前，本章先通过创建一个基准工程，讲解 Keil 软件的配置和使用，以及工程的编译和程序下载。通过对本章的学习，主要掌握软件的使用和工具的操作，不需要深入理解代码。

通过学习理论基础和设计思路，按照设计流程标准化设置 Keil 软件，并创建和编译工程，然后将编译生成的.axf 文件下载到体外诊断控制板，验证以下基本功能：两个 LED（LD0 和 LD1）每 500ms 交替闪烁；通过串口助手发送 help 指令，打印调试信息，并通过串口助手使用 IVD 调试组件。

3.1 理论基础

3.1.1 寄存器与固件库

STM32 刚刚面世时就有配套的固件库，但当时的嵌入式开发人员习惯使用寄存器，很少使用固件库。究竟是基于寄存器开发更快捷还是基于固件库开发更快捷，曾引起了非常激烈的讨论。然而，随着 STM32 固件库的不断完善和普及，越来越多的嵌入式开发人员开始接受并适应这种高效率的开发模式。

什么是寄存器开发模式？什么是固件库开发模式？为了便于理解这两种不同的开发模式，下面以日常生活中熟悉的开汽车为例，从芯片设计者的角度来解释。

1. 如何开汽车

开汽车实际上并不复杂，只要能够协调好变速箱（Gear）、油门（Speed）、刹车（Brake）和转向盘（Wheel），基本上就掌握了开汽车的要领。启动车辆时，首先将变速箱从驻车挡切换到前进挡，然后松开刹车紧接着踩油门，需要加速时，将油门踩得深一些，需要减速时，油门适当松开一些。需要停车时，先松开油门，然后踩刹车，在车停稳之后将变速箱从前进挡切换到驻车挡。当然，实际开汽车时还需要考虑更多的因素，本例仅为了形象地解释寄存器和固件库开发模式而将其简化了。

2. 汽车芯片

要设计一款汽车芯片，除了 CPU、ROM、RAM 和其他常用外设（如 CMU、PMU、Timer、UART 等），还需要一个汽车控制单元（CCU），如图 3-1 所示。

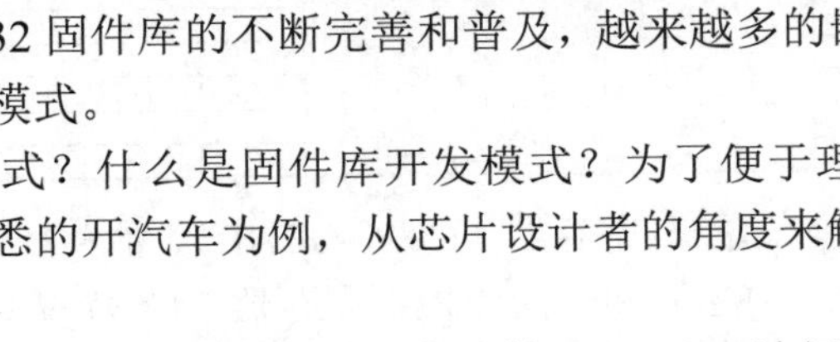

图 3-1 汽车芯片结构图 1

为了实现对汽车的控制，即控制变速箱、油门、刹车和转向盘，还需要进一步设计与汽车控制单元相关的 4 个寄存器，分别是变速箱控制寄存器（CCU_GEAR）、油门控制寄存器

（CCU_SPEED）、刹车控制寄存器（CCU_BRAKE）和转向盘控制寄存器（CCU_WHEEL），如图 3-2 所示。

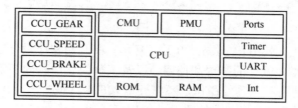

图 3-2　汽车芯片结构图 2

3．汽车控制单元寄存器（寄存器开发模式）

通过向汽车控制单元寄存器写入不同的值即可实现对汽车的操控，这些寄存器每一位具体的定义是什么，还需要进一步明确。表 3-1 给出了汽车控制单元（CCU）的寄存器地址映射和复位值。

表 3-1　CCU 的寄存器地址映射和复位值

偏移	寄存器	31	30	···	9	8	7	6	5	4	3	2	1	0
00h	CCU_GEAR				保留							GEAR[2:0]		
	复位值											0	0	0
04h	CCU_SPEED			保留			SPEED[7:0]							
	复位值						0	0	0	0	0	0	0	0
08h	CCU_BRAKE			保留			BRAKE[7:0]							
	复位值						1	1	1	1	1	1	1	1
0Ch	CCU_WHEEL			保留			WHEEL[7:0]							
	复位值						0	1	1	1	1	1	1	1

下面依次解释说明变速箱控制寄存器（CCU_GEAR）、油门控制寄存器（CCU_SPEED）、刹车控制寄存器（CCU_BRAKE）和转向盘控制寄存器（CCU_WHEEL）的结构和功能。

1）变速箱控制寄存器（CCU_GEAR）

CCU_GEAR 的结构如图 3-3 所示，对部分位的解释说明如表 3-2 所示。

图 3-3　CCU_GEAR 的结构

表 3-2　CCU_GEAR 部分位的解释说明

位 2:0	GEAR[2:0]：挡位选择 000-PARK（驻车挡）；001-REVERSE（倒车挡）；010-NEUTRAL（空挡）； 011-DRIVE（前进挡）；100-LOW（低速挡）

2）油门控制寄存器（CCU_SPEED）

CCU_SPEED 的结构如图 3-4 所示，对部分位的解释说明如表 3-3 所示。

图 3-4　CCU_SPEED 的结构

表 3-3　CCU_SPEED 部分位的解释说明

位 7:0	SPEED[7:0]：油门选择 0 表示未踩油门，255 表示将油门踩到底

3）刹车控制寄存器（CCU_BRAKE）

CCU_BRAKE 的结构如图 3-5 所示，对部分位的解释说明如表 3-4 所示。

图 3-5　CCU_BRAKE 的结构

表 3-4　CCU_BRAKE 部分位的解释说明

位 7:0	BRAKE[7:0]：刹车选择 0 表示未踩刹车，255 表示将刹车踩到底

4）转向盘控制寄存器（CCU_WHEEL）

CCU_WHEEL 的结构如图 3-6 所示，对部分位的解释说明如表 3-5 所示。

图 3-6　CCU_WHEEL 的结构

表 3-5　CCU_WHEEL 部分位的解释说明

位 7:0	WHEEL[7:0]：方向选择 0 表示转向盘向左转到底，255 表示转向盘向右转到底

完成汽车芯片设计之后，就可以借助一款合适的集成开发环境（如 Keil 或 IAR）来编写程序，通过向汽车芯片中的寄存器写入不同的值来实现对汽车的操控，这种开发模式称为寄存器开发模式。

4．汽车芯片固件库（固件库开发模式）

寄存器开发模式对于一款功能简单的芯片（如 51 单片机，只有二三十个寄存器），开发起来比较容易。但是，当今市面上主流的微控制器芯片功能都非常强大，如 STM32 系列微控制器，其寄存器个数为几百甚至更多，而且每个寄存器又有很多功能位，寄存器开发模式就比较复杂。为了方便工程师更好地读/写这些寄存器，提升开发效率，芯片制造商通常会设计一套完整的固件库，通过固件库来读/写芯片中的寄存器，这种开发模式称为固件库开发模式。

例如，设计汽车控制单元的 4 个固件库函数分别是变速箱控制函数 SetCarGear、油门控制函数 SetCarSpeed、刹车控制函数 SetCarBrake 和转向盘控制函数 SetCarWheel，定义如下：

```
int SetCarGear(Car_TypeDef* CAR, int gear);
int SetCarSpeed(Car_TypeDef* CAR, int speed);
int SetCarBrake(Car_TypeDef* CAR, int brake);
int SetCarWheel(Car_TypeDef* CAR, int wheel);
```

由于以上 4 个函数的功能比较类似，下面重点介绍 SetCarGear 函数的功能及实现。

1）SetCarGear 函数的描述

SetCarGear 函数的功能是根据 Car_TypeDef 中指定的参数设置挡位，通过向 CAR→GEAR 写入参数来实现的，具体描述如表 3-6 所示。

表 3-6　SetCarGear 函数的描述

函数名	SetCarGear
函数原形	int SetCarGear(Car_TypeDef* CAR, CarGear_TypeDef gear)
功能描述	根据 Car_TypeDef 中指定的参数设置挡位
输入参数 1	CAR：指向 CAR 寄存器组的首地址
输入参数 2	gear：具体的挡位
输出参数	无
返回值	设定的挡位是否有效（FALSE 为无效，TRUE 为有效）

Car_TypeDef 定义如下：

```
typedef struct
{
  __IO uint32_t GEAR;
  __IO uint32_t SPEED;
  __IO uint32_t BRAKE;
  __IO uint32_t WHEEL;
}Car_TypeDef;
```

CarGear_TypeDef 定义如下：

```
typedef enum
{
  Car_Gear_Park = 0,
  Car_Gear_Reverse,
  Car_Gear_Neutral,
  Car_Gear_Drive,
  Car_Gear_Low
}CarGear_TypeDef;
```

2）SetCarGear 函数的实现

程序清单 3-1 给出了 SetCarGear 函数的实现代码，通过将参数 gear 写入 CAR→GEAR 来实现。返回值用于判断设定的挡位是否有效，当设定的挡位为 0～4 时，即为有效挡位，返回值为 TRUE；当设定的挡位不为 0～4 时，即为无效挡位，返回值为 FALSE。

程序清单 3-1

```
int SetCarGear(Car_TypeDef* CAR, int gear)
{
 int valid = FALSE;
if(0 <= gear && 4 >= gear)
{
  CAR->GEAR = gear;
  valid = TRUE;
}
```

```
return valid;
}
```

通过前面的介绍，相信对寄存器开发模式和固件库开发模式，以及这两种开发模式之间的关系有了一定的了解。无论是寄存器开发模式还是固件库开发模式，实际上最终都要配置寄存器，只不过寄存器开发模式是直接读/写寄存器，而固件库开发模式是通过固件库函数间接读/写寄存器。固件库的本质是建立了一个新的软件抽象层，因此，固件库开发的优点是基于分层开发带来的高效性，缺点也是由于分层开发导致的资源浪费。

嵌入式开发从最早的基于汇编语言，到基于 C 语言，再到基于操作系统，实际上是一种基于分层的进化；另一方面，STM32 作为高性能的微控制器，其固件库导致的资源浪费远不及它所带来的高效性。因此，我们应该适应基于固件库的先进的开发模式。当然，很多读者会有这样的疑惑：基于固件库的开发是否需要深入学习寄存器？这个疑惑实际上很早就有答案了，比如，我们使用 C 语言开发某一款微控制器，为了设计出更加稳定的系统，还是非常有必要了解汇编指令的，同理，基于操作系统开发，也有必要熟悉操作系统的底层运行机制。ST 公司提供的固件库编写的代码非常规范，注释也比较清晰，读者完全可以通过追踪底层代码来研究固件库是如何读/写寄存器的。

3.1.2　Keil 编辑和编译及 STM32 下载过程

STM32 的集成开发环境有很多种，本书使用的是 Keil。通常，我们会使用 Keil 建立工程、编写程序，然后，编译工程并生成二进制或十六进制文件，最后，将二进制或十六进制文件下载到 STM32 芯片上运行。但是，整个编译和下载过程究竟做了哪些操作？编译过程到底生成了什么样的文件？编译过程到底使用了哪些工具？下载又使用了哪些工具？下面将对这些问题进行说明。

1. Keil 编辑和编译过程

首先，介绍 Keil 编辑和编译过程。Keil 与其他集成开发环境的编辑和编译过程类似，如图 3-7 所示。Keil 软件编辑和编译过程分为以下 4 个步骤：①创建工程，并编辑程序，程序分为 C/C++代码（存放于.c 文件）和汇编代码（存放于.s 文件）；②通过编译器 armcc 对.c 文件进行编译，通过编译器 armasm 对.s 文件进行编译，这两种文件编译之后，都会生成一个对应的目标程序（.o 文件），.o 文件的内容主要是从源文件编译得到的机器码，包含代码、数据及调试使用的信息；③通过链接器 armlink 将各个.o 文件及库文件链接生成一个映射文件（.axf 或.elf 文件）；④通过格式转换器 fromelf 将.axf 或.elf 文件转换成二进制文件（.bin 文件）或十六进制文件（.hex 文件）。编译过程中使用到的编译器 armcc、armasm，以及链接器 armlink 和格式转换器 fromelf 均位于 Keil 的安装目录下，如果 Keil 默认安装在 C 盘，这些工具就存放在 C:\Keil_v5\ARM\ARMCC\bin 目录下。

2. STM32 下载过程

通过 Keil 生成的映像文件（.axf 或.elf）或二进制/十六进制文件（.bin 或.hex），可以使用不同的工具将其下载到 STM32 芯片上的 Flash 中。上电后，系统会将 Flash 中的文件加载到片上 SRAM，运行整个代码。

本书将采用的下载程序的方法是，使用 Keil 将.axf 文件通过 ST-Link 下载到 STM32 芯片的 Flash 中，具体步骤见 3.3 节的步骤 13。

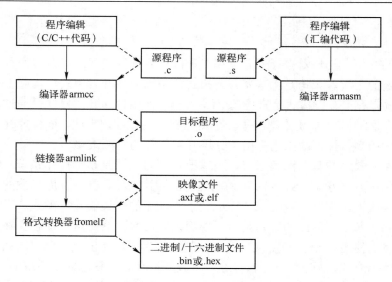

图 3-7　Keil 编辑和编译过程

3.1.3　STM32 参考资料

在 STM32 微控制器系统设计过程中,会涉及各种参考资料,如《STM32 参考手册》《STM32 芯片手册》《STM32 固件库使用手册》和《ARM Cortex-M3 权威指南》等,这些资料存放在本书配套资料包的"10.参考资料"文件下,下面对这些参考资料进行简单的介绍。

1.《STM32 参考手册》

该手册是 STM32 系列微控制器的参考手册,主要对 STM32 系列微控制器的外设(如存储器、RCC、GPIO、UART、Timer、DMA、ADC、DAC、RTC、IWDG、WWDG、FSMC、SDIO、USB、CAN、I2C 等)进行介绍,包括各个外设的架构、工作原理、特性及寄存器等。读者在开发过程中会频繁使用到该手册,尤其是查阅某个外设的工作原理和相关寄存器时。

2.《STM32 芯片手册》

在开发过程中,选好某一款具体的芯片之后,就需要弄清楚该芯片的主功能引脚定义、默认复用引脚定义、重映射引脚定义、电气特性和封装信息等,读者可以通过该手册查询到这些信息。

3.《STM32 固件库使用手册》

固件库实际上就是读/写寄存器的一系列函数集合,该手册是这些固件库函数的使用说明文档,包括封装寄存器的结构体说明、固件库函数说明、固件库函数参数说明,以及固件库函数使用实例等。读者不需要记住这些固件库函数,只需要在 STM32 开发过程中遇到不清楚的固件库函数时,能够翻阅之后解决问题即可。

4.《ARM Cortex-M3 权威指南》

该手册由 ARM 公司提供,主要介绍 Cortex-M3 处理器的架构、功能和用法,它补充了《STM32 参考手册》没有涉及或介绍不充分的内容,如指令集、NVIC 与中断控制、SysTick 定时器、调试系统架构、调试组件等,需要学习这些内容的读者,可以翻阅《ARM Cortex-M3 权威指南》。

读者在开展本书以外的工程设计时,遇到书中未涉及的知识点,可查看上述手册,或者翻阅其他书籍，如《STM32F1 开发标准教程》等，亦或借助网络资源。

3.1.4　DbgIVD 调试组件

DbgIVD 调试组件是一个 IVD 串口调试交互组件，功能类似 Linux 的 shell，通过串口助手调试并执行程序里的任何函数，可以随意更改函数输入的参数，单个函数最多支持 5 个输入参数，对于日常使用中调试代码有很大的帮助。DbgIVD 调试组件具有以下特点：

① 可以调用绝大部分工程中直接编写的函数；

② 占用资源极少；

③ 支持函数返回值显示；

④ 支持调试参数多；

⑤ 使用方便。

通过 DbgIVD 组件可以轻易地修改函数参数，查看函数运行结果，从而快速解决问题。例如，调试取样臂水平旋转多少步才能达到预定位置时，往往需要多次修改其中的步数来得到最佳的位置，通常的做法是编写函数→修改参数→编译并下载→查看结果→结果不理想→修改参数→编译并下载→结果不理想……需要不停地循环修改参数才能得到想要的效果。这样烦琐的操作极大地降低了编写和调试程序的效率，而使用 DbgIVD 组件只需要在串口助手中输入函数及相应的参数，通过串口发送给控制板，就可以执行一次函数的参数调整，省去了编译、下载等步骤，只需要修改参数后发送即可，调试效率得到了显著的提升。

DbgIVD 调试组件的构成如图 3-8 所示，包括 DbgIVD 模块、CheckLineFeed 模块、UART 模块和调试函数。其中，DbgIVD 模块是 DbgIVD 调试组件的核心部分，通过该模块可以调用工程中其他模块的调试函数；CheckLineFeed 模块的作用是检查接收到的数据的换行符，确定是否收到了完整的调试信息；UART 模块的作用是发送和接收数据，与串口进行通信；调试函数是指工程中编写在其他模块中用于调试的函数。

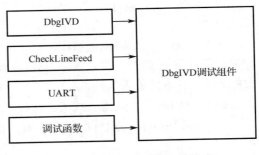

图 3-8　DbgIVD 调试组件构成

DbgIVD 调试组件的实现流程如下：

① 在需要调试的模块中编写用于调试的函数；

② 在 DbgIVD.c 文件的"包含头文件"区添加该调试函数所在文件的头文件；

③ 在 DbgIVD.c 文件"内部变量"区的调试任务列表添加该调试函数的函数名和参数个数；

④ 在串口调试助手中发送"help"指令运行 DbgIVD 调试组件，然后发送目标函数 ID 及其参数调用相应的调试函数。

例如，在调试组件中添加一个 DbgIVDTest 函数来测试调试组件是否正常运行，首先需要在 DbgIVD.c 模块中添加 DbgIVDTest 函数，代码如程序清单 3-2 所示。

程序清单 3-2

```
void DbgIVDTest(void)  //DbgIVD 模块测试
{
  printf("DbgIVD is OK!\r\n");
}
```

因为 DbgIVDTest 函数本身被编写在 DbgIVD.c 文件中，故可以省略第 2 步。如果函数编写在其他模块中，则需要参照第 2 步在 DbgIVD.c 文件包含该模块的头文件。接着，在 DbgIVD.c 文件 "内部变量" 区的调试任务列表添加该函数，代码如程序清单 3-3 所示。其中，第一个参数为函数指针，指向该调试函数；第二个参数为该函数输入参数的数量，这里为 0；第三个参数为函数名，用于在串口中打印目标函数名。

程序清单 3-3

```
//调试任务列表
static StructDbg s_arrDbgProc[] =
{
  {DbgIVDTest, 0, "DbgIVDTest(void)" }, //DbgIVD 模块测试
};
```

最后，在串口调试助手中对该调试函数进行调用，这一步将在 3.3 节步骤 15 中详细介绍。

3.1.5　TaskProc 模块任务流程

TaskProc 模块是整个工程用于执行各项任务的部分，是体外诊断控制板能够正常工作的关键模块之一，下面结合代码、任务列表及任务流程图对该模块进行介绍。

1. 任务结构体和任务列表

任务结构体的内容如程序清单 3-4 所示，任务结构体 StructTaskCtr 共有 4 个成员变量，下面对这些成员变量进行解释。

（1）run：任务运行标记，当 run 为 0 时表示任务已经执行完毕，当 run 为 1 时表示任务还未执行。

（2）timer：运行间隔计数器，用于设置某个任务每隔多长时间执行一次，该计数器递减计数，当计数到 0 时，将计数器重载值 itvTime 赋值给计数器 timer，并将任务运行标记 run 设置为 1，表示任务未执行。

（3）itvTime：计数器重载值，计数器计数到 0 时，将该值赋值给计数器 timer。

（4）taskHook：待运行的任务函数，该函数由 TaskCallBack 函数调用执行。

程序清单 3-4

```
//任务结构体
typedef struct
{
  u16 run;               //任务运行标记：0-任务已执行，1-任务未执行
  u16 timer;             //运行间隔计数器
  u16 itvTime;           //计数器重载值
  void(*taskHook)(void); //待运行的任务函数
}StructTaskCtr;          //任务定义
```

任务列表的内容如程序清单 3-5 所示，基于任务结构体 StrucTaskCtr 的任务列表 s_arrTaskComps[]用于存放各个任务，TaskPro 模块的 s_arrTaskComps 列表[]里共有 4 个任务，分别是 DbgIVD 扫描、按键扫描、IVD、LED 闪烁。每个任务都包含任务运行标记、计数器、计数器重载值和待运行的任务函数，如在 DbgIVD 扫描任务里，任务运行标记初始化为 0，计数器值为 100，计数器重载值为 100，待运行的任务函数为 DbgIVDScan。

程序清单 3-5

```
//任务列表
```

```
static StructTaskCtr s_arrTaskComps[] =
{
{0, 100,  100,  DbgIVDScan}, //DbgIVD 扫描任务
{0, 10 ,  10 ,  ScanKey   }, //按键扫描任务
{0, 250,  250,  IVDxProc  }, //IVD 任务
{0, 500,  500,  LEDTask   }, //LED 闪烁任务
};
```

2. 任务标记流程

在 TaskProc 模块中，各项任务的执行是由任务标记和任务执行两部分共同配合完成的，其中，任务标记通过 TaskRemarks 函数来实现，TaskRemarks 函数由 TaskTimerProc 函数调用执行，TaskTimerProc 函数在 TIM2 的中断服务函数 TIM2_IRQHandler 中被调用，该中断服务函数每 1ms 产生一次溢出，即 TaskRemarks 函数每 1ms 被调用一次。图 3-9 为任务标记流程图，TaskRemarks 函数代码如程序清单 3-6 所示，下面结合流程图与代码对任务标记流程进行简单介绍。

首先，使能 TIM2 溢出中断，当 TIM2 产生中断时，由 TaskTimerProc 函数调用 TaskRemarks 函数。然后在 TaskRemarks 函数中，将任务数 i 初始化为 0，并判断 i 是否小于总任务数（任务列表的任务总数），如果小于总任务数，继续判断计数器 taskComps->timer 是否为 0，如果不为 0，则计数器值减 1，并在计数器减 1 后再次判断计数器 taskComps->timer 是否为 0；如果为 0，则将计数器重载值 taskComps->itvTime 更新至计数器 taskComps->timer 中，并将任务运行标记 taskComps->run 置 1，表示该任务还未执行。最后，判断 i 是否小于总任务数减 1，如果小于，则指针 taskComps 加 1，指向任务列表的下一个任务，然后任务数 i 执行加 1 操作，如此循环。

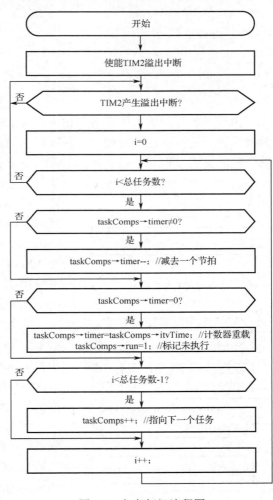

图 3-9　任务标记流程图

程序清单 3-6

```
static void TaskRemarks(StructTaskCtr *taskComps)
{
  u16 i = 0;

  for (i = 0; i < (sizeof(s_arrTaskComps) / sizeof(StructTaskCtr)); i++) //逐个任务进行处理
  {
    if (taskComps->timer)                        //计数器不为 0
    {
      taskComps->timer--;                        //减去一个节拍
```

```
    if (taskComps->timer == 0)                        //计数器为 0
    {
      taskComps->timer = taskComps->itvTime;          //恢复计时器值，重新下一次
      taskComps->run = 1;                             //任务标记为未运行
    }
  }

  if (i < (sizeof(s_arrTaskComps) / sizeof(StructTaskCtr)) - 1)
  {
    taskComps++;                                      //指针递增，指向下一个任务
  }

  }
}
```

　　由任务流程图和代码不难看出，TaskRemarks 函数每调用一次，任务列表里的所有任务就被遍历一遍，在这个过程中，各项任务的计数器 timer 若不为 0，则都会减 1，当某个任务的计数器变为 0 时，该任务的运行标记 run 被标记为未执行，计数器的值也将更新以供下一次计数使用。结合 TIM2 中断服务函数与任务列表中各项任务的 itvTime 值，可以轻松得出每项任务标记一次未执行所需的时间间隔，例如，DbgIVDScan 的 itvTime 值为 100，而 TIM2 每 1ms 产生一次中断，因此 DbgIVDScan 每 100ms 被标记一次未执行。该标记将在任务执行函数中被使用。

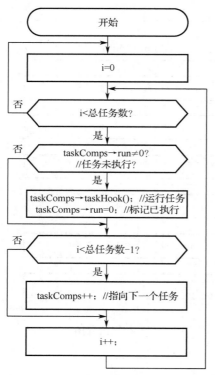

图 3-10　任务执行流程图

3. 任务执行流程

　　任务的执行通过 TaskCallBack 函数来实现，TaskCallBack 函数由 TaskProcess 函数调用执行，TaskProcess 函数在 main 函数的 while 语句中被调用。图 3-10 为任务执行流程图，TaskCallBack 函数代码如程序清单 3-7 所示，下面结合流程图与代码对任务执行流程进行简单介绍。

　　首先，将任务数 i 初始化为 0，然后判断 i 是否小于总任务数（任务列表的任务总数），如果小于总任务数，继续判断 taskComps->run 是否为 0，即判断任务是否未执行；如果不为 0，即任务未执行，则通过 taskComps->taskHook() 调用任务列表中该任务函数执行相应的任务，并在执行完任务后将该任务的运行标记 taskComps->run 置 0，表示任务已执行。最后，判断任务数 i 是否小于总任务数减 1，如果小于，则 taskComps 加 1，指向任务列表中的下一个任务，然后任务数 i 执行加 1 操作，如此循环。

程序清单 3-7

```
static void TaskCallBack(StructTaskCtr *taskComps)
{
  u16 i = 0;

  for (i = 0; i < (sizeof(s_arrTaskComps) / sizeof(StructTaskCtr)); i++) //逐个任务进行处理
```

```
{
  if (taskComps->run)                          //任务未执行
  {
    taskComps->taskHook();                     //执行任务
    taskComps->run = 0;                        //执行完标记任务已执行
  }

  if (i < (sizeof(s_arrTaskComps) / sizeof(StructTaskCtr)) - 1)
  {
    taskComps++;                               //指针递增,指向下一个任务
  }
}
}
```

从任务流程图和代码不难看出,TaskProcess 函数每调用一次,任务列表里的所有任务同样也被遍历一遍,在这个过程中,任务运行标记 run 为未执行的任务,其对应的 taskHook() 将被调用执行,并在任务执行完后将 run 标记为已执行,直到 TaskRemarks 函数经过相应的时间间隔后再重新标记为 1。因此,只要改变计数器重载值 itvTime,就可以改变该任务执行的频率。

3.2　设计思路

3.2.1　STM32 工程模块分组及说明

本书所有工程在 Keil 集成开发环境中建立完成后,工程模块分组均如图 3-11 所示。项目按照模块被分为 App、Alg、HW、OS、TPSW、FW 和 ARM。

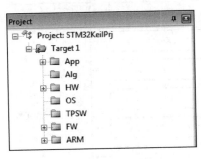

图 3-11　Keil 工程模块分组

STM32 工程模块名称及说明如表 3-7 所示。App 是应用层,该层包括 Main、硬件应用和软件应用文件;Alg 是算法层,该层包括项目算法相关文件,如心电算法文件等;HW 是硬件驱动层,该层包括 STM32 片上外设驱动文件,如 UART1、Timer 等;OS 是操作系统层,该层包括第三方操作系统,如 μC/OS III、FreeRTOS 等;TPSW 是第三方软件层,该层包括第三方软件,如 STemWin、FatFs 等;FW 是固件库层,该层包括与 STM32 相关的固件库,如 stm32f10x_gpio.c 和 stm32f10x_gpio.h 文件;ARM 是 ARM 内核层,该层包括启动文件、NVIC、SysTick 等与 ARM 内核相关的文件。

表 3-7　STM32 工程模块名称及说明

模　块	名　称	说　明
App	应用层	应用层包括 Main、硬件应用和软件应用文件
Alg	算法层	算法层包括项目算法相关文件，如心电算法文件等
HW	硬件驱动层	硬件驱动层包括 STM32 片上外设驱动文件，如 UART1、Timer 等
OS	操作系统层	操作系统层包括第三方操作系统，如 μC/OS III、FreeRTOS 等
TPSW	第三方软件层	第三方软件层包括第三方软件，如 STemWin、FatFs 等
FW	固件库层	固件库层包括与 STM32 相关的固件库，如 stm32f10x_gpio.c 和 stm32f10x_gpio.h 文件
ARM	ARM 内核层	ARM 内核层包括启动文件、NVIC、SysTick 等与 ARM 内核相关的文件

3.2.2　应用层模块构成

F103 基准工程的应用层模块构成如图 3-12 所示，包括主函数所在的 Main 模块、Common 模块、KeyOne 模块、ProKeyOne 模块、TaskProc 模块、CheckLineFeed 模块、DbgIVD 模块、LED 模块和 Beep 模块。其中，Common 模块的作用是获取拨码开关状态，判断当前具体为哪个实验平台；KeyOne 模块和 ProKeyOne 模块的作用分别是独立按键的驱动和响应每个独立按键的按下；TaskProc 模块是对各项任务进行逐一处理；CheckLineFeed 模块和 DbgIVD 模块实现了 IVD 调试组件的功能；LED 模块和 Beep 模块则分别完成了流水灯和蜂鸣器的驱动。

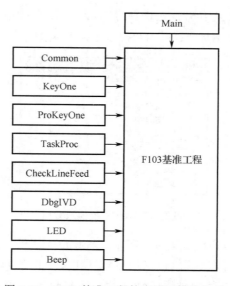

图 3-12　F103 基准工程的应用层模块构成

3.3　设计流程

步骤 1：Keil 软件标准化设置

在进行程序设计前，建议对 Keil 软件进行标准化设置，比如，将编码格式改为 Chinese

GB2312(Simplified)，这样可以防止代码文件中输入的中文乱码现象；将缩进的空格数设置为
2 个空格，同时将 Tab 键也设置为 2 个空格，这样可以防止使用不同的编辑器阅读代码时出
现代码布局不整齐的现象。针对 Keil 软件，设置编码格式、制表符长度和缩进长度的具体方
法如图 3-13 所示。首先，打开 Keil μVision5 软件，执行菜单命令 Edit→Configuration，在
Encoding 下拉列表中选择 Chinese GB2312(Simplified)；然后，在 C/C++ Files、ASM Files 和
Other Files 栏中，均勾选 Insert spaces for tabs、Show Line Numbers，并将 Tab size 改为 2；最
后，单击 Configuration 对话框中的 OK 按钮。

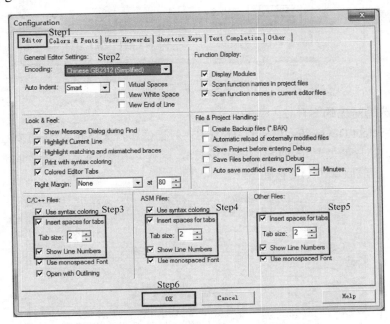

图 3-13　Keil μVision5 软件标准化设置

步骤 2：新建存放工程的文件夹

在计算机的 D 盘下建立一个 STM32KeilTest 文件夹，将本书配套资料包的"04.例程资料\
Material"文件夹复制到 STM32KeilTest 文件夹中，然后在 STM32KeilTest 文件夹中新建一个
Product 文件夹。当然，工程保存的文件夹路径读者可以自行选择，不一定放在 D 盘中，但是
完整的工程保存的文件夹及命名一定要严格按照要求进行，从小处养成良好的规范习惯。

步骤 3：复制和新建文件夹

首先，在 D:\STM32KeilTest\Product 文件夹下新建一个名为"01.F103 基准工程实验"的
文件夹；其次，将"D:\STM32KeilTest\Material\01.F103 基准工程实验"文件夹中的所有文件
夹和文件（包括 Alg、App、ARM、FW、HW、OS、TPSW、clear.bat、readme.txt）复制到"D:\STM32
KeilTest\Product\01.F103 基准工程实验"文件夹中；最后，在"D:\STM32KeilTest\Product\
01.F103 基准工程实验"文件夹中新建一个 Project 文件夹。

步骤 4：新建一个工程

打开 Keil μVision5 软件，执行菜单命令 Project→New μVision Project，在弹出的 Create New
Project 对话框中，工程路径选择"D:\STM32KeilTest\Product\01.F103 基准工程实验\Project"，
将工程名命名为 STM32KeilPrj，最后单击"保存"按钮，如图 3-14 所示。

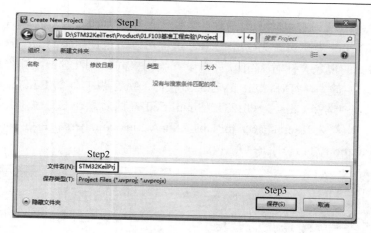

图 3-14　新建一个工程

步骤 5：选择对应的 STM32 型号

在弹出的 Select Device for Target 'Target 1'...对话框中，选择对应的 STM32 型号。由于控制板上 STM32 芯片的型号是 STM32F103RCT6，因此，在如图 3-15 所示的对话框中，选择 STM32F103RC，最后单击 OK 按钮。

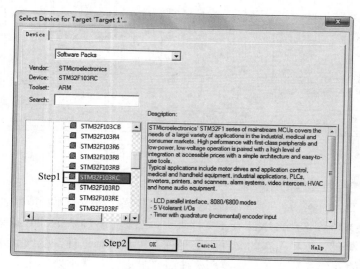

图 3-15　选择对应的 STM32 型号

步骤 6：关闭 Manage Run-Time Environment

由于本书没有使用到实时环境，因此，在弹出的如图 3-16 所示的 Manage Run-Time Environment 对话框中，单击 Cancel 按钮直接关闭即可。

步骤 7：删除原有分组并新建分组

关闭 Manage Run-Time Environment 对话框之后，一个简单的工程创建即完成，工程名为 STM32KeilPrj。可以在 Keil 软件界面的左侧看到，Target 1 下有一个 Source Group 1 分组，这里需要将已有的分组删除，并添加新的分组。首先，单击工具栏中的 按钮，如图 3-17 所示，在 Project Items 标签页中单击 Groups 栏中的 按钮，删除 Source Group 1 分组。

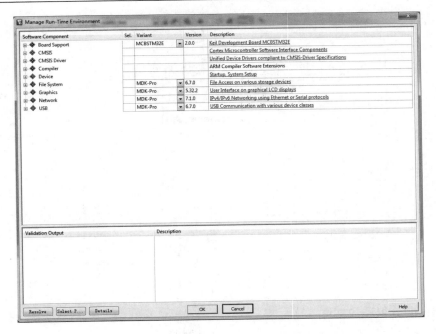

图 3-16　关闭 Manage Run-Time Environment

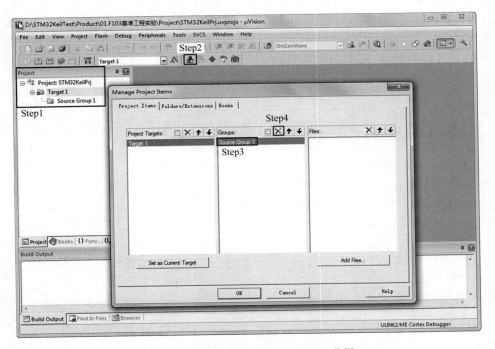

图 3-17　删除原有的 Source Group1 分组

　　接着，打开 Manage Project Items 对话框的 Project Items 标签页，在 Groups 栏中单击 按
钮，依次添加 App、Alg、HW、OS、TPSW、FW、ARM 分组，如图 3-18 所示。注意，可以
通过单击上、下箭头按钮调整分组的顺序。

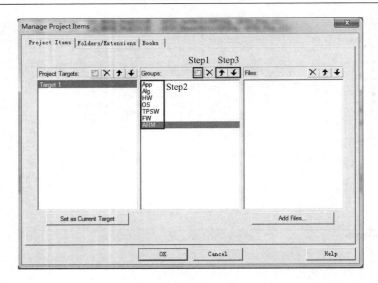

图 3-18　新建分组

步骤 8：向分组添加文件

如图 3-19 所示，在 Manage Project Items 对话框的 Groups 栏中，单击选择 App，然后单击 Add Files 按钮。在弹出的 Add Files to Groups 'App' 对话框中，查找范围选择"D:\STM32 KeilTest\Product\01.F103 基准工程实验\App\Main"。接着单击选择 Main.c 文件，最后单击 Add 按钮将 Main.c 文件添加到 App 分组。注意，也可以在 Add Files to Groups 'App' 对话框中通过双击 Main.c 文件向 App 分组添加该文件。

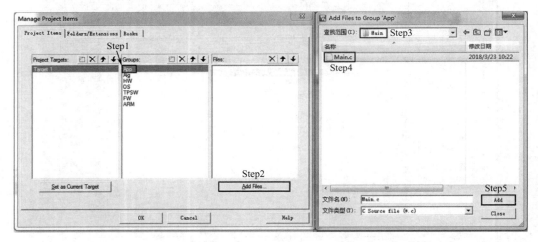

图 3-19　向 App 分组添加 Main.c 文件

用同样的方法，分别将"D:\STM32KeilTest\Product\01.F103 基准工程实验\App"路径下的 Common.c、KeyOne.c、ProKeyOne.c、TaskProc.c、CheckLineFeed.c、DbgIVD.c、LED.c 和 Beep.c 文件添加到 App 分组，完成 App 分组文件添加后的效果如图 3-20 所示。

将"D:\STM32KeilTest\Product\01.F103 基准工程实验\HW"路径下的 RCC.c、Queue.c、UART.c、Timer.c、PWM.c 和 ADC.c 文件添加到 HW 分组，完成 HW 分组文件添加后的效果如图 3-21 所示。

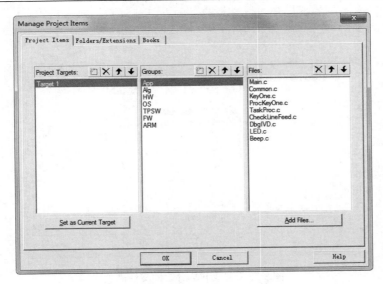

图 3-20　完成 App 分组的文件添加

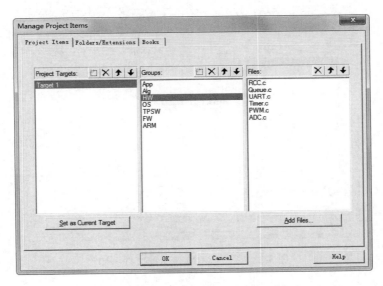

图 3-21　完成 HW 分组的文件添加

将 "D:\STM32KeilTest\Product\01.F103 基准工程实验\FW\src" 路径下的 misc.c、stm32f10x_adc.c、stm32f10x_bkp.c、stm32f10x_dma.c、stm32f10x_flash.c、stm32f10x_gpio.c、stm32f10x_rcc.c、stm32f10x_pwr.c、stm32f10x_tim.c 和 stm32f10x_usart.c 文件添加到 FW 分组，完成 FW 分组文件添加后的效果如图 3-22 所示。

将 "D:\STM32KeilTest\Product\01.F103 基准工程实验\ARM\NVIC" 路径下的 NVIC.c 文件添加到 ARM 分组；再将 "D:\STM32KeilTest\Product\01.F103 基准工程实验\ARM\SysTick" 路径下的 SysTick.c 文件添加到 ARM 分组；最后将 "D:\STM32KeilTest\Product\01.F103 基准工程实验\ARM\System" 路径下的 core_cm3.c、startup_stm32f10x_hd.s、stm32f10x_it.c、system_stm32f10x.c 文件添加到 ARM 分组，完成 ARM 分组文件添加后的效果如图 3-23 所示。添加完成后，单击 OK 按钮回到主界面。

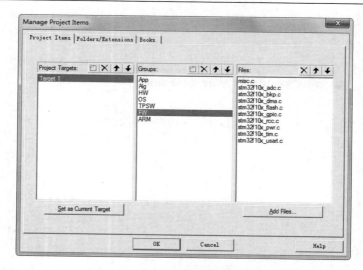

图 3-22 完成 FW 分组的文件添加

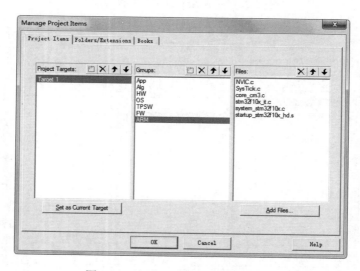

图 3-23 完成 ARM 分组的文件添加

步骤 9：勾选 Use MicroLIB

为了方便调试，本书在很多地方都使用了 printf 语句，在 Keil 中使用 printf，需要勾选 Use MicroLIB 项，具体做法如图 3-24 所示。单击工具栏中的 按钮，在弹出的 Options for Target 'Target1'对话框中单击 Target 标签页，勾选 Use MicroLIB 项。

步骤 10：勾选 Create HEX File

通过 ST-Link，既可以下载.hex 文件，也可以下载.axf 文件到 STM32 的内部 Flash。Keil 默认编译时不生成.hex 文件，如果需要生成.hex 文件，则需要勾选 Create HEX File 项，具体做法如图 3-25 所示。单击工具栏中的 按钮，在弹出的 Options for Target 'Target1'对话框中单击 Output 标签页，勾选 Create HEX File 项。注意，通过 ST-Link 下载.hex 文件一般要使用 STM32 ST-LINK Utility 软件，本书不介绍通过 ST-Link 下载.hex 文件的详细过程，读者可以自行尝试。

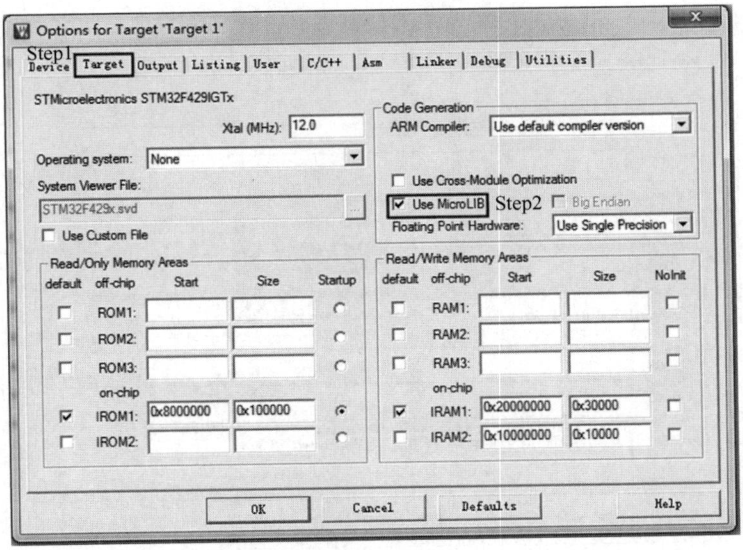

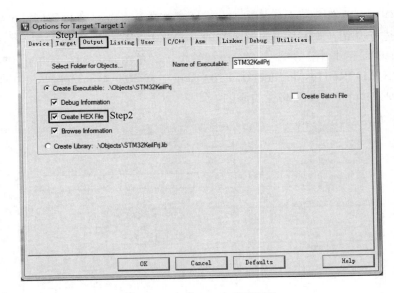

图 3-24　勾选 Use MicroLIB

图 3-25　勾选 Create HEX File

步骤 11：添加宏定义和头文件路径

由于 STM32 的固件库有着非常强的兼容性，只需要通过宏定义就可以区分使用不同型号的 STM32 芯片，而且可以通过宏定义选择是否使用标注库，具体做法如图 3-26 所示。单击工具栏中的 按钮，在弹出的 Options for Target 'Target1'对话框中单击 C/C++标签页，在 Define 栏中输入 "STM32F10X_HD,USE_STDPERIPH_DRIVER"。注意，STM32F10X_HD 和 USE_STDPERIPH_DRIVER 用英文逗号隔开，第一个宏定义表示使用大容量的 STM32 芯片，第二个宏定义表示使用标准库。

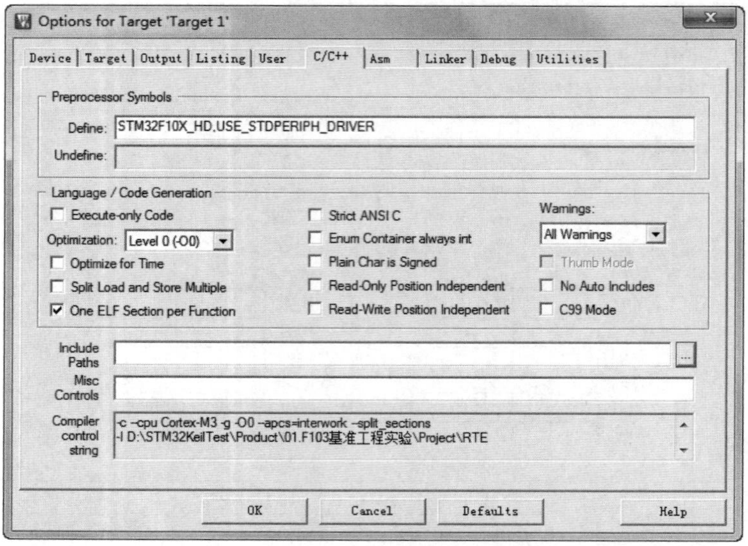

图 3-26　添加宏定义

完成对分组中.c 文件和.s 文件的添加后，还需要添加头文件路径，这里以添加 Main.h 头文件路径为例进行介绍，具体做法如图 3-27 所示。单击工具栏中的 按钮，在弹出的 Options for Target 'Target1'对话框中：①单击 C/C++标签页；②单击 按钮；③单击 按钮；④将路径选择到"D:\STM32KeilTest\Product\01.F103 基准工程实验\App\Main"；⑤单击 OK 按钮。这样就可以完成 Main.h 头文件路径的添加。

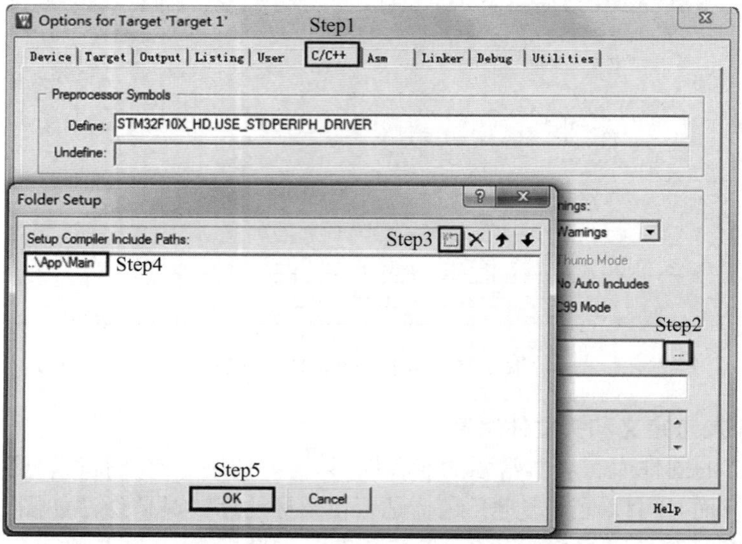

图 3-27　添加 Main.h 头文件路径

与添加 Main.h 头文件路径的方法类似，依次添加其他头文件路径，结果如图 3-28 所示。完成之后单击 OK 按钮结束添加。

步骤 12：程序编译

完成以上步骤后，就可以对整个程序进行编译了，单击工具栏中的 按钮，即 Rebuild

按钮对整个程序进行编译。当 Build Output 栏出现"FromELF: creating hex file..."时，表示已经成功生成.hex 文件，出现"0 Error(s), 0 Warning(s)"表示编译成功，如图 3-29 所示。

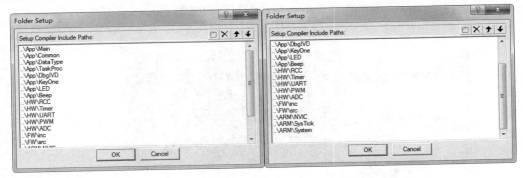

图 3-28　添加完头文件路径的效果

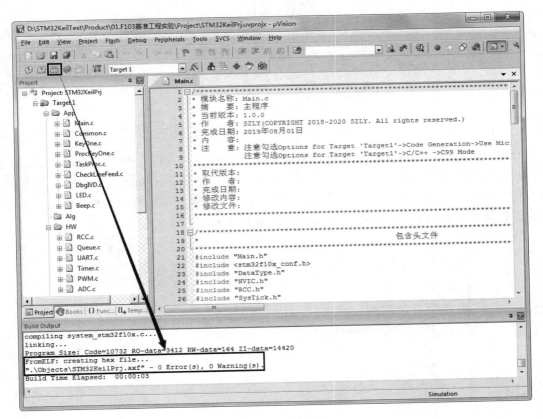

图 3-29　工程编译

步骤 13：通过 ST-Link 下载程序

取出开发套件中的 12V 电源适配器、JTAG 转接板、一根 B 型 USB 线、一根 PH-4P 双端线、ST-Link 调试器、一根 Mini-USB 线、一根 20P 灰排线，按照以下步骤连接：（1）将 Mini-USB 线的 Mini 型公口连接到 ST-Link 调试器，20P 灰排线的一端也连接到 ST-Link 调试器；（2）将 20P 灰排线的另一端连接到 JATG 转接板的接口，将 PH-4P 双端线的一端接到 JTAG 转接板的 4P 接口，另一端接到体外诊断控制板的 SWD 调试接口（J28 接口）；（3）将 B 型

USB 线的 B 型公口连接到体外诊断控制板的 USB 接口；（4）将 Mini-USB 线和 B 型 USB 线的 A 型公口插到计算机的 USB 母口；（5）将 12V 电源适配器连接到控制板的电源插座，具体连接如图 3-30 所示。完成上述连接后，打开控制板的电源开关。

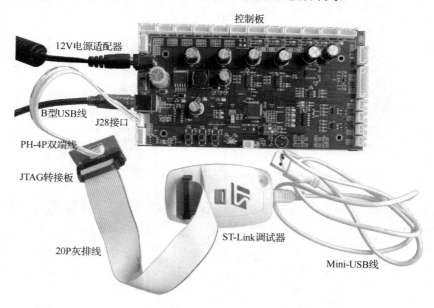

图 3-30　体外诊断控制板实物连接图

在本书配套资料包的"02.相关软件\ST-LINK 官方驱动"文件夹中找到 dpinst_amd64 和 dpinst_x86，如果计算机安装的是 64 位操作系统，双击运行 dpinst_amd64.exe，如果计算机安装的是 32 位操作系统，则双击运行 dpinst_x86.exe。ST-Link 驱动安装成功后，可以在设备管理器中看到 STMicroelectronics STLink dongle，如图 3-31 所示。

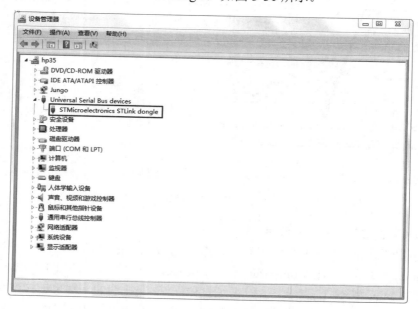

图 3-31　ST-Link 驱动安装成功示意图

打开 Keil μVision5 软件，如图 3-32 所示，单击工具栏中的 按钮，进入设置界面。

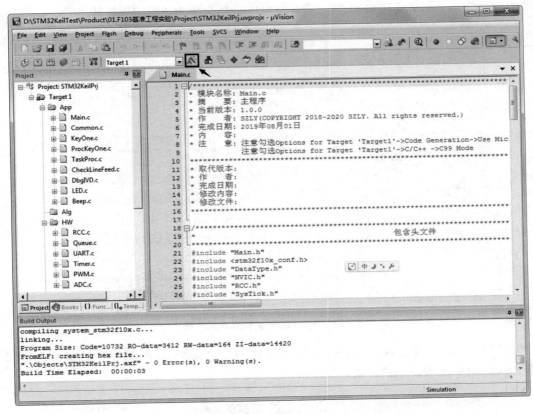

图 3-32　ST-Link 调试模式设置步骤 1

打开 Options for Target 'Target1'对话框的 Debug 标签页，如图 3-33 所示，在 Use 下拉列表中选择 ST-Link Debugger，然后单击 Settings 按钮。

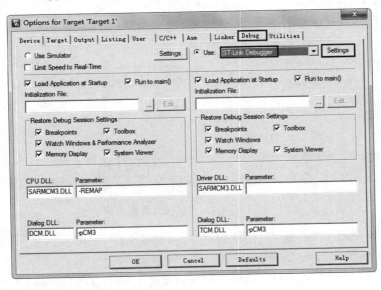

图 3-33　ST-Link 调试模式设置步骤 2

　　打开 Cortex-M Target Driver Setup 对话框的 Debug 标签页，如图 3-34 所示，在 ort 下拉列表中选择 SW，在 Max 下拉列表中选择 1.8MHz，然后单击"确定"按钮。

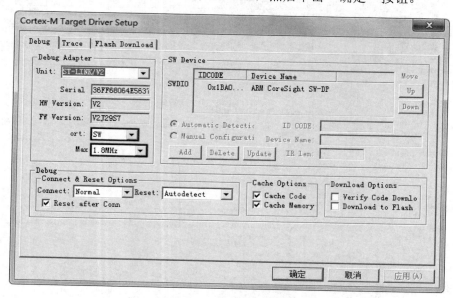

图 3-34　ST-Link 调试模式设置步骤 3

　　再打开 Cortex-M Target Driver Setup 对话框的 Flash Download 标签页，如图 3-35 所示，勾选 Reset and Run 项，单击"确定"按钮。

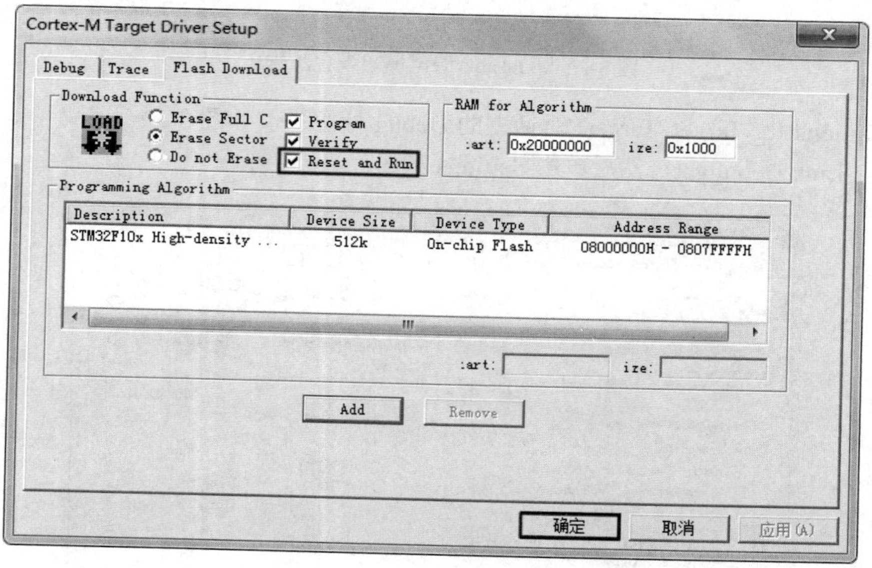

图 3-35　ST-Link 调试模式设置步骤 4

　　在 Options for Target 'Target 1'对话框的 Utilities 标签页中，如图 3-36 所示，勾选 Use Debug Driver 和 Update Target before Debugging 项，单击 OK 按钮。

　　ST-Link 调试模式设置完成后，确保 ST-Link 通过 Mini-USB 线连接到计算机，就可以在如图 3-37 所示的界面中单击工具栏中的 按钮，将程序下载到 STM32 的内部 Flash 中。下载成功后，在 Keil 软件的 Build Output 栏中会出现如图 3-37 所示的字样。

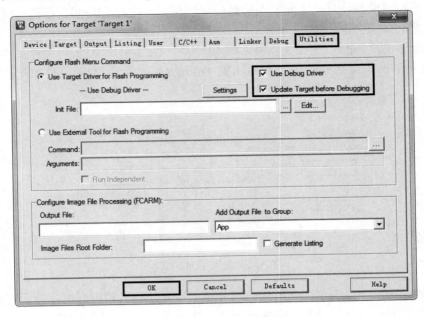

图 3-36　ST-Link 调试模式设置步骤 5

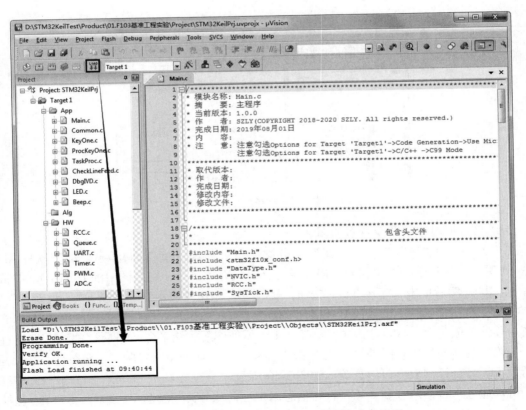

图 3-37　通过 ST-Link 向 STM32 下载程序成功界面

步骤 14：安装 CH340 驱动

体外诊断控制板与计算机之间的通信是由串口调试电路的 CH340G 芯片实现的，因此，还需要安装 CH340 驱动。

在本书配套资料包的"02.相关软件\CH340 驱动（USB 串口驱动）"文件夹中，双击运行 SETUP.EXE，单击"安装"按钮，在弹出的 DriverSetup 对话框中单击"确定"按钮，如图 3-38 所示。

图 3-38　安装 C340 驱动

驱动安装成功后，将 B 型 USB 线两端分别连接到计算机和控制板，然后在计算机的设备管理器中找到 USB 串口，如图 3-39 所示。注意，串口号不一定是 COM6，每台计算机可能会不同。

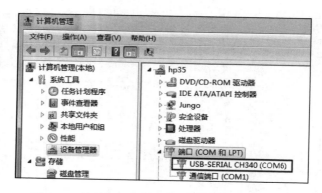

图 3-39　计算机设备管理器中显示 USB 串口信息

步骤 15：通过串口助手查看和调试

在"02.相关软件\串口助手"文件夹中找到并双击 sscom42.exe（串口助手软件），如图 3-40 所示。选择正确的串口号（串口号与计算机有关，不一定是图中的 COM6），波特率选择 115200，然后单击"打开串口"按钮，取消勾选"HEX 显示"项，勾选"发送新行"项。

将体外诊断控制板上的拨码开关拨至"00"，IVD1 指示灯（橙色）亮起，"00"表示液面检测与移液实验平台（IVD1）。本书配套有 4 个体外诊断实验平台，STM32 微控制器通过拨码开关确定当前实验平台的编号。按下 RST 复位按键，体外诊断实验平台将打印系统信息，包括设备编号、控制板接口信息等，如图 3-40 所示。

可以通过平台指示灯和初始化打印信息确定当前体外诊断实验平台编号，STM32 微控制器只在复位时读取拨码开关输入值，初始化后再修改拨码开关将被视为无效操作。注意，拨码开关编号与体外诊断实验平台编号必须一一对应。

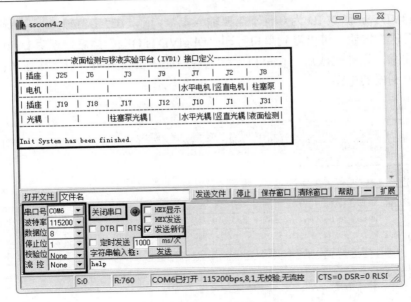

图 3-40　打印系统信息

在"字符串输入框"中输入 help 指令，然后单击"发送"按钮，可以看到串口助手打印如图 3-41 所示的信息，表示进入 DbgIVD 调试模式。

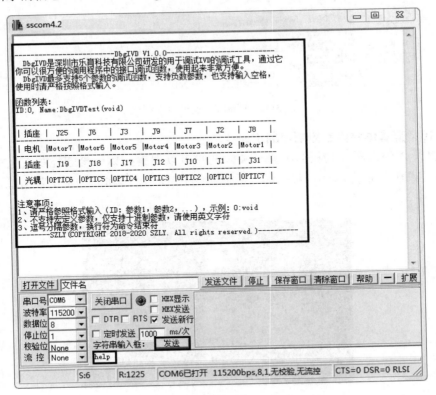

图 3-41　DbgIVD 调试模式

接着，如图 3-42 所示，根据函数列表可以得知当前调试组件所包含的每项调试函数的信息，因为 DbgIVDTest 函数 ID 为 0 且不需要输入参数，所以在"字符输入框"中输入"0:viod"，然后单击"发送"按钮，可以看到串口打印"DbgIVD is OK!"信息，表明 DbgIVD 调试组件运行正常。注意，设计完成后，在串口助手软件中先单击"关闭串口"按钮关闭串口，再关闭体外诊断控制板的电源。

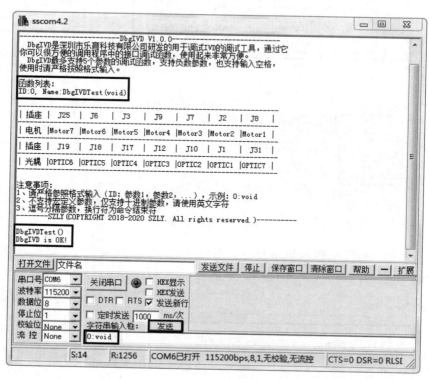

图 3-42　DbgIVD 调试组件测试

步骤 16：查看体外诊断控制板的工作状态

重新打开体外诊断控制板的电源开关，此时可以观察到体外诊断控制板上电源指示灯正常显示，IVD1 平台指示灯正常亮起，两个绿色 LED（LD1 和 LD2）交替闪烁，如图 3-43所示。

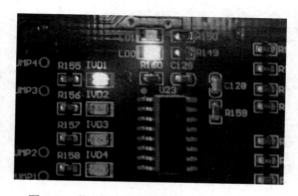

图 3-43　体外诊断控制板正常工作状态示意图

拓 展 设 计

学习完本章后，严格按照程序设计的步骤进行软件标准化设置，并创建 STM32 工程，编译并生成.axf 文件，将程序下载到体外诊断控制板，查看运行结果，最后通过串口助手软件发送指令给体外诊断控制板，查看指令执行情况。查找相关资料，使用"02.相关软件\ STM32 ST-LINK Utility"文件夹中的 STM32 ST-LINK Utility.exe，通过 ST-Link 下载.hex 文件到 STM32 的内部 Flash。

思 考 题

1．为什么要对 Keil 进行软件标准化设置？

2．体外诊断控制板上的 STM32 芯片的型号是什么？该芯片的内部 Flash 和内部 SRAM 的大小分别是多大？

3．简单描述 DbgIVD 调试组件的特点和使用流程。

4．TaskProc 模块是怎样实现多个任务协调执行的？如何控制每个任务执行的时间间隔？

5．F103 基准工程主要由哪些部分组成？其应用层又可以分为哪些模块？

6．在创建 STM32 基准工程时，使用了两个宏定义 STM32F10X_HD 和 USE_STDPERIPH_DRIVER，这两个宏定义的作用是什么？

7．在创建 STM32 基准工程时，为什么要勾选 Use MicroLIB 项？

8．在创建 STM32 基准工程时，为什么要勾选 Create Hex File 项？

9．通过查找资料，总结.hex 文件、.bin 文件和.axf 文件的区别。

第4章 步进电机控制

在体外诊断仪器中，样品和试剂的精确移动与定量加样是两个关键的环节，这两个环节不仅需要在紧凑的仪器内部完成，而且有很高的定位要求，尤其是试剂加样，加样精度甚至会直接影响诊断的结果。而步进电机具有精度高、推力大、所需空间小等特点，非常符合体外诊断仪器的设计要求，因此被广泛应用于医疗诊断和实验室分析检验等自动化设备中。

本章将详细介绍步进电机原理、控制方式及步进电机的驱动电路，设计步进电机驱动程序，利用 DbgIVD 串口调试组件控制步进电机驱动液面检测与移液实验平台（IVD1）的取样臂左右旋转。

4.1　理论基础

4.1.1　步进电机简介

步进电机又称步进器，它利用电磁学原理，将电能转换为机械能，是由缠绕在定子齿槽上的线圈驱动的。步进电机的结构形式和分类方法较多，一般按原理可分为反应式（VR）、永磁式（PM）和混合式（HB）三种；按相数可分为单相、二相、三相和多相。在电机中，绕在定子齿槽上的金属线圈称为绕组、线圈或相。

当步进电机切换一次定子线圈的激磁电流时，转子就旋转一个固定角度，这个角度称为步距角。步距角一般由切换的相电流产生的旋转力矩得到，所以需要每相极数是偶数。

步进电机主要技术指标如下：

（1）相数。相数为电机内部的线圈组数。目前常用的有二相、三相、四相、五相步进电机。相数不同，其步距角也不同。一般二相步进电机的步距角为 $0.9°/1.8°$、三相的为 $0.75°/1.5°$、五相的为 $0.36°/0.72°$。在没有细分驱动器时，主要靠选择不同相数的步进电机来满足步距角的要求。如果使用细分驱动器，则"相数"将变得没有意义，只需在驱动器上改变细分数，就可以改变步距角。

（2）步距角。电机出厂时都会给出一个步距角的值，如本书使用的步进电机步距角为 $1.8°$，这个步距角可称为固有步距角，它不一定是电机实际工作时的真正步距角，真正的步距角和驱动器有关。

（3）拍数。拍数是指完成一个磁场周期性变化所的需脉冲数或导电状态，或指电机转过一个齿距角所需的脉冲数。以四相步进电机为例，有四相四拍运行方式，即 AB-BC-CD-DA-AB；四相八拍运行方式，即 A-AB-B-BC-C-CD-D-DA-A。

（4）保持转矩。保持转矩是指步进电机通电但没有转动时，定子锁住转子的力矩。它是步进电机最重要的参数之一，通常步进电机在低速时的力矩接近保持转矩。由于步进电机的输出力矩随速度的增大而不断衰减，输出功率也随速度的增大而变化，因此保持转矩就成了衡量步进电机最重要的参数之一。例如，2N·m 步进电机在没有特殊说明的情况下，其保持转矩为 2N·m。

本书使用的步进电机相关参数如表 4-1 所示。

表 4-1 步进电机的相关参数

项　　目	参　　数
额定工作状态	连续
额定电压	3.7V
额定电流	1.2A/相
步距角	1.8°，全步
相数	二相
保持转矩	0.275N·m（0.275kgf·cm）以上
制动转矩	9.8mN·m（100gf·cm）中心值

4.1.2 步进电机的工作原理

本书使用的是较为常见的二相四线步进电机，为便于理解，将其内部简化为如图 4-1 所示的结构。二相步进电机共有 A、B 两相，A+、A-、B+、B-线圈缠绕在定子上，中间是电机的旋转部分——转子，转子上齿轮的齿和齿槽处分别带有极性相反的磁极，在线圈通电产生的磁场作用下，转子会随着线圈电流的变化而发生转动。下面结合步进电机的励磁方式对其工作过程做简要介绍。

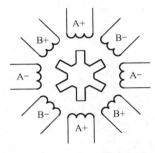

图 4-1 二相四线步进电机简化图

步进电机的励磁方式分为全步励磁和半步励磁两种，其中，全步励磁分为一相励磁和二相励磁，半步励磁又称一二相励磁。

（1）一相励磁

一相励磁是指在每一瞬间，步进电机只有一个线圈通电。每发送一个励磁信号，转子转动一个步距角，这是三种励磁方式中最简单的一种，其特点是精确度高、消耗小，但同时输出转矩小，振动较大。如果以该方式控制步进电机正转，一相励磁对应的励磁顺序如表 4-2 所示，时序图如图 4-2 所示。若励磁信号反向传输，则步进电机反转。

表 4-2 一相励磁步进电机的励磁顺序

顺　　序	线　圈			
	A+	B+	A-	B-
1	1	0	0	0
2	0	1	0	0
3	0	0	1	0
4	0	0	0	1

图 4-3 所示为一相励磁一个周期的工作过程，当线圈 A+通电、其他线圈不通电时，由于磁场的作用，齿 1、4 与线圈 A+对齐；当线圈 B+通电、其他线圈不通电时，齿 3、6 在磁场的作用下旋转至与线圈 B+对齐，此时转子顺时针转动了 15°；当线圈 A-通电、其他线圈不通电时，齿 2、5 顺时针旋转 15° 与线圈 A-对齐；当线圈 B-通电、其他线圈不通电时，齿 1、4 顺时针旋转 15° 与线圈 B-对齐；如果再给线圈 A+通电，则齿 3、6 与线圈 A+对齐，此时与

刚开始的齿 1、4 和线圈 A+对齐相比，转子刚好转过一个齿，即转子顺时针转过一个齿距角 60°，如果不断地按线圈 A+→B+→A-→B-→A+……顺序通电，步进电机就按每步（每脉冲）15°顺时针旋转。如果按 A+→B-→A-→B+→A+……顺序通电，则步进电机反转。

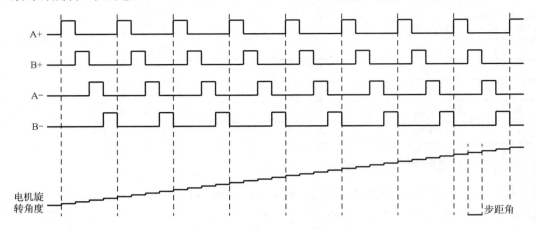

图 4-2　一相励磁步进电机的时序图

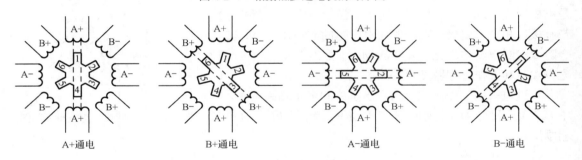

图 4-3　一相励磁工作过程

（2）二相励磁

二相励磁是指在每一瞬间，步进电机有两个线圈同时导通。每发送一个励磁信号，转子转动一个步距角，其特点是输出转矩大、振动小，因而成为目前使用最多的励磁方式。如果以该方式控制步进电机正转，二相励磁对应的励磁顺序如表 4-3 所示，时序图如图 4-4 所示。若励磁信号反向传输，则步进电机反转。

表 4-3　二相励磁步进电机的励磁顺序

顺　序	线　圈			
	A+	B+	A-	B-
1	1	1	0	0
2	0	1	1	0
3	0	0	1	1
4	1	0	0	1

图 4-5 所示为步进电机二相励磁一个周期的工作过程，当线圈 A+、B+同时通电，其他线圈不通电时，在线圈 A+、B+产生的复合磁场作用下，齿 1、6 间的齿槽与 A+、B+两线圈的中间处对齐。同理，在其他线圈两两通电时，也有一对齿槽与相应的两线圈中间处对齐。

不难看出，每变化一次励磁信号，转子同样也转动 15°，一个周期累计转动一个齿距。

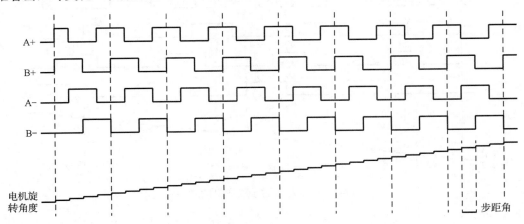

图 4-4　二相励磁步进电机的时序图

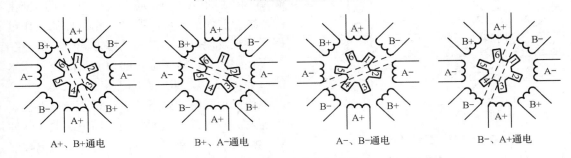

A+、B+通电　　　B+、A-通电　　　A-、B-通电　　　B-、A+通电

图 4-5　二相励磁工作过程

（3）一二相励磁

一二相励磁是一相励磁和二相励磁交替导通的一种励磁方式，每发送一个励磁信号，转子转动半个步距角。它的特点是分辨率高、运转平滑，应用较为广泛。如果以该方式控制步进电机正转，一二相励磁对应的励磁顺序如表 4-4 所示，时序图如图 4-6 所示。若励磁信号反向传输，则步进电机反转。

表 4-4　一二相励磁步进电机的励磁顺序

顺　　序	线　　圈			
	A+	B+	A-	B-
1	1	0	0	0
2	1	1	0	0
3	0	1	0	0
4	0	1	1	0
5	0	0	1	0
6	0	0	1	1
7	0	0	0	1
8	1	0	0	1

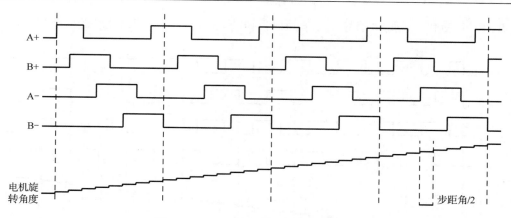

图 4-6　一二相励磁步进电机的时序图

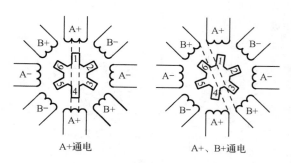

图 4-7　一二相励磁工作部分过程

如图 4-7 所示为步进电机一二相励磁时线圈 A+和线圈 A+、B+通电过程中转子的变化图，结合前面的一相励磁和二相励磁的工作过程，不难发现，在一二相励磁方式下，每改变一次励磁信号，转子旋转的角度只改变了原本的一半（7.5°），即所谓的半步。

从三种励磁方式下的工作过程可以看出，步进电机的位置和速度分别与通电次数（脉冲数）和频率有着密切关系，方向则由通电顺序决定。因此，只要控制好线圈 A+、B+、A-、B-的时序，便可以实现步进电机的精确控制。

此外，需要注意的是，本节在介绍步进电机的工作过程时，为方便理解，使用了结构简化版的步进电机，而实际的二相四线步进电机的内部结构非常复杂，转子上的齿轮数目更是多达 50 个，因此也具有更小的齿距角（7.2°）和更小的步距角（1.8°），也就能达到更高的控制精度。

4.1.3　步进电机的细分控制

步进电机虽然具有转矩大、惯性小、响应频率高等优点，但相对于某些高精度定位、精密加工等方面的要求，其步距角仍然太大。同时，在没有细分的情况下，其定子线圈内的电流从零突变到大电流或从大电流突变为零，这种相电流的巨大变化往往会引起步进电机运行的振动和噪声，甚至可能出现丢步的情况，在工作过程中容易引起较大的误差。因此，为增强步进电机的工作性能，需要通过细分控制来减弱或消除步进电机的低频振动，并提高步进电机的运转精度。

所谓步进电动机的细分控制，从本质上讲是通过对步进电机的励磁线圈中的电流控制，使步进电动机内部的合成磁场为均匀的圆形旋转磁场，从而实现步进电机步矩角的细分。一般情况下，合成磁场矢量的幅值决定了步进电机旋转力矩的大小，相邻两个合成磁场矢量之间的夹角大小决定了步矩角的大小。所以，想要实现对步进电机的恒力矩均匀细分控制，必须合理控制步进电机线圈中的电流，使步进电机内部合成磁场的幅值恒定，并且每个脉冲所引起的合成磁场的角度变化也要均匀。

从细分的本质上看，理想的步进电机电流曲线应该是相位相差 90° 的正弦曲线，如图 4-8 所示，其中黑线为 A 相电流，灰线为 B 相电流。

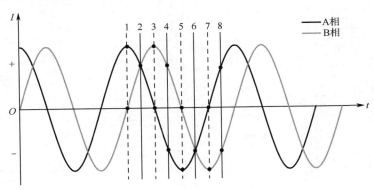

图 4-8　理想步进电机电流曲线

如果把 A 相电流曲线正极值视为线圈 A+所通的电流大小，负极值视为线圈 A-所通的电流大小，B 相电流曲线正极和负极的值则分别视为线圈 B+和 B-所通的电流大小，比较一相励磁正转时的通电顺序 A+→B+→A-→B-，正好对应了图中的 1、3、5、7 四个相位处 A 相和 B 相的状态，即 1 相位处时线圈 A+通电，3 相位处时线圈 B+通电……不难看出，一相励磁方式实际上就是用一个脉冲来代替一个正弦半周期，相位点从左到右变化，电机正转；相位点从右到左变化，则电机反转。

类似的，如果把一二相励磁的通电顺序 A+→A+B+→B+→B+A-→A-→A-B-→B-→B-A+放到曲线里，也可以找到对应的点，即图中标出的相位 1~8 对应的 A、B 相状态，可以看出，用 A+B+代替第二相位、用 B+A-代替第四相位这些都是近似的做法，这种近似的电流比理想情况的电流要大一些，多余的电流不仅被无谓地消耗掉了，并且还会引起电机转动的不平稳。细分控制就是通过在正弦的周期中插入若干个点使得相电流接近正弦变化，从而提高定位精度和运转的平稳性。

在实际应用中，细分控制是一个很复杂的操作过程，为方便使用，一般都是通过电机驱动芯片或驱动器来实现的。不同驱动芯片的细分数也各不相同，常规的有三种细分方法，分别是 2 的 N 次方，如 2、4、8、16 细分；5 的整数倍，如 5、10、20 细分；以及 3 的整数倍，如 3、6、9 细分。细分数是指电机运行时的真正步距角是固有步距角的几分之一，几细分就相当于控制精度增大了几倍，每一步电机转动的角度变小了，执行过程中丢几步所产生的误差也就小了，而要想保持速度不变，控制频率便要增大相应的倍数。

例如，在没有细分的情况下，二相步进电机一步转动 1.8°，旋转一圈需要 200 步，如果使用 4 细分控制，那么每步只转动 0.45°，旋转一圈则需要 800 步。

4.1.4　步进电机驱动电路

如图 4-9 所示为 Motor1 的步进电机驱动电路原理图，该电机驱动电路的核心部分是 TMC2130 电机驱动芯片。TMC2130 是用于两相步进电机的高性能驱动器集成电路，线圈电流高达 2.0A（峰值为 2.5A），最高可达 256 细分。该驱动芯片具备标准的 SPI 和 STEP/DIR 模式，很大程度上简化了步进电机控制。TRINAMIC 先进的 StealthChop 斩波器在确保步进电机无噪声运行的同时，还使其具有最高效率和最佳转矩。

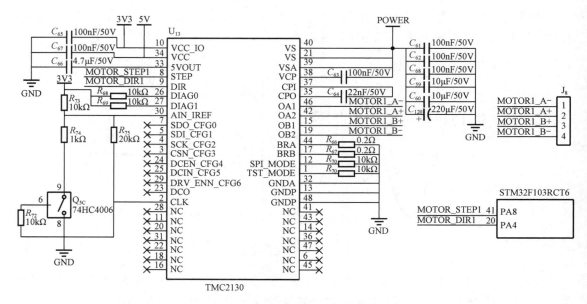

图 4-9　步进电机驱动电路原理图

电机驱动芯片的工作原理是：通过接收 STM32 生成的步进信号 MOTOR_STEP1 和方向信号 MOTOR_DIR1，产生用于控制步进电机的励磁脉冲信号 MOTOR1_A-、MOTOR1_A+、MOTOR1_B-和 MOTOR1_B+，然后通过 J₈ 将这些励磁脉冲信号输入到步进电机的线圈中，励磁脉冲信号流经线圈使其产生相应的磁场，转子在磁场的作用下转动，从而达到控制步进电机的目的。

STM32 在 TMC2130 的 STEP 引脚上输入的有效沿可以是上升沿，也可以是上升沿和下降沿，由模式位（dedge）控制。在每个有效沿，根据 DIR 引脚输入的状态确定是顺时针还是逆时针步进。每一步可以是整步或微步，其中每个整步可以分成 2、4、8、16、32、64、128 或 256 个微步。TMC2130 提供了一个微步计数器和一个正弦表，可将计数器值转换为正弦值和余弦值，依据这些值来控制微步进电机的线圈电流。在本书的驱动电路中，TMC2130 采用 16 微步，也就是 16 细分控制，即由 STM32 生成的信号 MOTOR_STEP1，每输出 1 个脉冲，TMC2130 便驱动电机步进 1 微步，每步进 16 微步，电机转子便转动一个步距角（1.8°）。

4.1.5　STM32 控制电机的时序

在步进电机驱动电路中，STM32 通过向 STEP 引脚输入脉冲信号控制步进电机转动，而步进电机转动的方向则通过向 DIR 引脚输入高低电平来控制。如图 4-10 所示为 STM32 控制步进电机顺时针和逆时针分别转动一整步的时序图。在前半部分，STM32 输出的 MOTOR_DIR1 为低电平，此时 TMC2130 控制 A 相、B 相时序变化使步进电机正转（这里规定步进电机转轴朝上时顺时针为正转），MOTOR_STEP1 每输出一个脉冲，TMC2130 便驱动步进电机顺时针转动 1 微步，当输出 16 个脉冲后，电机累计正转一整步，即 1.8°。

在中间部分，MOTOR_STEP1 停止发送 PWM 脉冲，此时 TMC2130 控制 A 相、B 相时序使步进电机保持转矩，电机转子静止不动。

在后半部分，MOTOR_DIR1 变为高电平，此时 TMC2130 控制 A 相、B 相时序变化使步进电机反转，MOTOR_STEP1 每输出一个脉冲，TMC2130 驱动步进电机逆时针转动 1 微步，当输出 16 个脉冲后，电机累计反转一整步，即 1.8°。

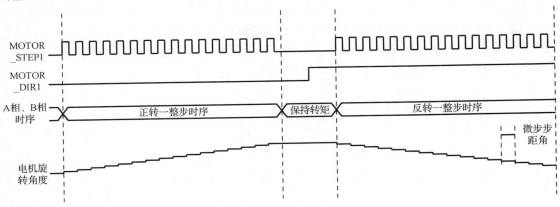

图 4-10　STM32 控制步进电机时序图

通过对 STM32 控制步进电机时序的介绍，不难发现，只需要通过 STM32 控制 MOTOR_STEP1 信号的脉冲个数，就可以对电机转动进行精确定位，控制 MOTOR_STEP1 信号的频率就可以控制电机转动的快慢，而控制 MOTOR_DIR1 输出的高低电平则可以控制电机的转动方向。

4.1.6　步进电机的加减速控制

在开环控制下，步进电机在启动或停止时如果步进脉冲变化太快，转子由于惯性而跟不上电信号的变化，就容易出现失步和过冲现象。所谓失步是指漏掉了脉冲没有运动到指定的位置，而过冲则与失步相反，是指运动因为惯性超过了指定的位置。

这种运动频率特性使得步进电机运动时不能直接达到运行频率，为提高精确度和工作效率，就要对步进电机运动过程进行加减速的控制，简单地说，就是需要有一个启动过程，即从一个低的转速逐渐升速到运行转速。同样，停止时运行频率也不能立即降为零，而要有一个高速逐渐降速到零的过程。

一般来说，步进电机的输出力矩会随着脉冲频率的上升而下降，启动频率越高，启动力矩就越小，带动负载的能力越差，启动时就会造成失步，同样在停止时又会发生过冲。要使步进电机快速达到所要求的速度且又不失步或过冲，关键在于加减速过程中，加速度所要求的力矩既能充分利用各个运行频率下步进电机所提供的力矩，又不能超过这个力矩。因此，步进电机的运行一般要经过加速、匀速、减速三个阶段，要求加减速过程时间尽量短，匀速时间尽量长。特别是在要求快速响应的工作中，要求从起点到终点运行的时间最短，这就必须要求加速、减速的过程最短，而匀速时的速度最高。

对于步进电机的速度控制，目前有很多种不同的加减速控制数学模型，如指数模型、双曲线模型、线性模型、S 形曲线模型、正余弦模型等。如图 4-11 所示为本书使用的步进电机所采用的速度控制方式，其加减速阶段使用的是正余弦曲线模型。接下来简要介绍该模型的速度控制过程。

步进电机启动时，在加速阶段，单片机控制 MOTOR_STEPx 脉冲频率 freq 按正余弦曲线的变化增大，当频率达到预定值后，脉冲频率 freq 便开始按正余弦曲线变化减小频率，步进电机相应减速，直到最后停止运动。本章主要为了介绍体外诊断仪器设计中步进电机的控制，对速度和时间的要求并不高，因此，在对步进电机运行的平滑加减速过程中只做了加减速处理，即加速到预定值后便开始减速，中间没有匀速运行阶段，这样虽然加减速所需时间会变长，电机运行效率有所降低，但是更便于感受和理解整个加减速的过程。此外，在加减速阶段设置一个最小值 200Hz，当频率小于 200Hz 时，频率将保持 200Hz，即启动时频率从 200Hz 开始增加，停止时从最大频率减小到 200Hz，最后停止运动。

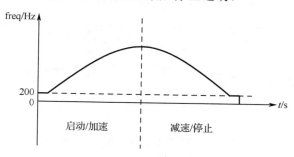

图 4-11　步进电机加减速控制曲线

4.1.7　液面检测与移液实验平台

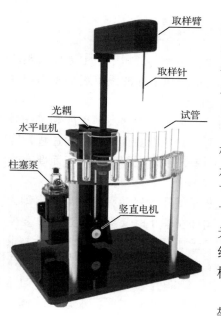

图 4-12　液面检测与移液实验平台

液面检测与移液实验平台（编号 IVD1）如图 4-12 所示。该平台主要由取样运动模块组成，其中，取样部分包括存放试剂或样品的试管、取样针、取样臂及柱塞泵等部件，运动部分采用二自由度构型，包括一个竖直平移关节和一个水平旋转关节，这两个关节的运动分别由两个步进电机进行控制，实现了样品与试剂的精确定位。

液面检测与移液实验平台的功能是吸取、转移及注射样品或试剂，需要完成的工作可大致分为三部分：取样针水平旋转到达预定的取样位置；取样针竖直下降到液面以下吸取样品并抬升；取样针到达试剂位置，下降到液面以下进行加样。基于该实验平台，本书将详细介绍步进电机、光耦、液面检测模块和柱塞泵的工作原理，并结合实例介绍如何编写驱动程序。最后实现熟练控制取样针取样、加样，并将样品加样至不同的试剂中。

液面检测与移液实验平台上共有 7 支试管，置于支架上的试管槽中，编号分别为 1～7，实验平台示意图如图 1-26 所示，可以控制取样针在不同试管间转移样品。注意，取样针是较易损坏的部件，取样针水平转动时要确保不会碰到试管，以防被碰歪。

液面检测与移液实验平台运行过程中会因为各种原因造成误差，如取样臂停下时会因为惯性造成微小偏差。随着时间的推移，误差会越来越大，为了提高精度，避免取样针碰到试管，平台运行时需要每隔一段时间校准一次。

4.1.8　StepMotor 模块函数

在本章的工程中，对于步进电机的控制主要由 StepMotor 模块和 PWM 模块的函数来实现，其中，PWM 模块的函数的主要作用是产生 PWM 脉冲信号，StepMotor 模块的函数实现对步进电机的具体控制，因此，本节主要对 StepMotor 模块的函数进行介绍。

StepMotor 模块共有 5 个内部函数和 5 个 API 函数，下面一一进行介绍。

1．内部函数

（1）ConfigMotorGPIO

ConfigMotorGPIO 的功能是配置所有步进电机方向引脚 DIR 的 GPIO。具体描述如表 4-5 所示。该函数只对 DIR 引脚进行 GPIO 的配置，至于连接步进、电机转动引脚的 STEP 则是在 PWM 模块中完成 GPIO 配置的。

表 4-5　ConfigMotorGPIO 函数描述

函数名	ConfigMotorGPIO
函数原型	static void ConfigMotorGPIO(void)
功能描述	配置步进电机 DIR 引脚的 GPIO
输入参数	void
输出参数	void
返回值	void

（2）SetMotorDir

SetMotorDir 的功能是设置步进电机方向引脚 DIR 的值，通过输入的步进电机编号，设置对应步进电机的 DIR 引脚，由 GPIO_SetBits 函数将 DIR 引脚的电平设置为高电平，GPIO_ResetBits 函数可以将 DIR 引脚的电平设置为低电平，具体描述如表 4-6 所示。

表 4-6　SetMotorDir 函数描述

函数名	SetMotorDir
函数原型	static void SetMotorDir(int motor, u8 dir)
功能描述	设置步进电机方向
输入参数	motor：步进电机编号，在 StepMotor.h 中定义，STEP_MOTOR1～STEP_MOTOR7、STEP_MOTOR_ALL； dir：步进电机方向。0-顺时针旋转；1-逆时针旋转
输出参数	void
返回值	void

（3）EnableStepMotor

EnableStepMotor 的功能是使能步进电机，通过输入的步进电机编号，使能对应的步进电机，具体描述如表 4-7 所示。

表 4-7　EnableStepMotor 函数描述

函数名	EnableStepMotor
函数原型	static void EnableStepMotor(u8 motor)
功能描述	使能步进电机

续表

输入参数	motor：步进电机编号，在 StepMotor.h 中定义，STEP_MOTOR1～STEP_MOTOR7、STEP_MOTOR_ALL
输出参数	void
返回值	void

（4）DisableStepMotor

DisableStepMotor 的功能是关闭步进电机，并标记该步进电机已完成任务，通过输入的步进电机编号，调用 DisablePWM 函数关闭对应 STEP 引脚的 PWM 输出，从而关闭步进电机。同时，将该步进电机的状态 stepMotor->state 标记为 MOTOR_STATE_DONE，具体描述如表 4-8 所示。

表 4-8　DisableStepMotor 函数描述

函数名	DisableStepMotor
函数原型	static void DisableStepMotor(u8 motor)
功能描述	关闭步进电机，并标记步进电机已完成任务
输入参数	motor：步进电机编号，在 StepMotor.h 中定义，STEP_MOTOR1～STEP_MOTOR7、STEP_MOTOR_ALL
输出参数	void
返回值	void

（5）PWMCallBack

PWMCallBack 的功能是用于步进电机的脉冲计数，通过输入的步进电机编号，使该步进电机的 STEP 引脚每产生一个脉冲，中断都会触发一次该函数，计数器 stepMotor->stepCnt 便计数一次，当计数值达到指定步数时，将通过 DisableStepMotor 关闭步进电机，具体描述如表 4-9 所示。

表 4-9　PWMCallBack 函数描述

函数名	PWMCallBack
函数原型	static void PWMCallBack(u8 motor)
功能描述	PWM 回调函数，PWM 每产生一个脉冲，中断都会触发该函数，用于步进电机计数
输入参数	motor：发生 PWM 中断的步进电机编号
输出参数	void
返回值	void

2. API 函数

（1）InitStepMotor

InitStepMotor 的功能是初始化步进电机驱动参数，包括设置步进电机编号、匹配平滑加减速频率列表、清空回调函数，并在设置完成后关闭所有电机，具体描述如表 4-10 所示。

表 4-10　InitStepMotor 函数描述

函数名	InitStepMotor
函数原型	void InitStepMotor(void)
功能描述	初始化步进电机驱动

输入参数	void
输出参数	void
返回值	void

（2）GetMotor

GetMotor 的作用是通过输入的步进电机编号，返回正确的步进电机结构体指针，该函数在需要对某个步进电机的参数进行操作时均会被调用，具体描述如表 4-11 所示。

表 4-11　GetMotor 函数描述

函数名	GetMotor
函数原型	StructMotorProc* GetMotor(u8 motor)
功能描述	通过步进电机编号返回正确的步进电机结构体指针
输入参数	motor：步进电机编号
输出参数	void
返回值	步进电机结构体指针

（3）EnableMotor

EnableMotor 的功能是使能步进电机，通过输入的步进电机编号，调用 EnableStepMotor 函数使能对应的步进电机，具体描述如表 4-12 所示。

表 4-12　EnableMotor 函数描述

函数名	EnableMotor
函数原型	void EnableMotor(u8 motor)
功能描述	使能步进电机
输入参数	motor：步进电机编号，在 StepMotor.h 中定义，STEP_MOTOR1～STEP_MOTOR7、STEP_MOTOR_ALL，可以用"|"同时开启多个步进电机
输出参数	void
返回值	void

（4）DisableMotor

DisableMotor 的功能是关闭步进电机，通过输入的步进电机编号，调用 DisableStepMotor 函数关闭步进电机，并标记电机已完成任务，具体描述如表 4-13 所示。

表 4-13　DisableMotor 函数描述

函数名	DisableMotor
函数原型	void DisableMotor(u8 motor)
功能描述	关闭步进电机，并标记电机已完成任务
输入参数	motor：步进电机编号，在 StepMotor.h 中定义，STEP_MOTOR1～STEP_MOTOR7、STEP_MOTOR_ALL，可以用"|"同时关闭多个步进电机
输出参数	void
返回值	void

（5）DbgMotorStep

DbgMotorStep 用于步进电机的步进调试，通过串口助手在计算机中输入对应的 motor、step、speed、dir、needSpeed，可以控制对应的步进电机按照输入的参数进行运动，具体描述如表 4-14 所示。

表 4-14　DbgMotorStep 函数描述

函数名	DbgMotorStep
函数原型	void DbgMotorStep(u8 motor, u16 step, u16 speed, u8 dir, u8 needSpeed)
功能描述	步进电机的步进调试
输入参数	motor：步进电机编号（1-7）；step：步数；speed：速度（Hz）；dir：方向。0-顺时针旋转；1-逆时针旋转；needSpeed：是否使用平滑加减速。0-不使用；1-使用
输出参数	void
返回值	void

4.2　设计思路

4.2.1　工程结构

如图 4-13 所示为步进电机实验的工程结构，不难看出，步进电机实验是在 F103 基准工程搭建的框架上添加了 StepMotor 模块，该模块主要实现了步进电机的驱动，包括步进电机 GPIO 的配置、初始化、启动和关闭等。

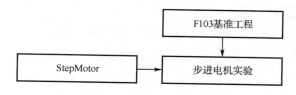

图 4-13　步进电机实验工程结构

4.2.2　步进电机控制流程

步进电机控制流程如图 4-14 所示。首先要配置步进电机的基本参数，包括速度、方向、步数及是否需要平滑加速。然后清空计数器，并计算加速列表。加速列表中的速度值等于定时器的频率值，步进电机的速度是由频率决定的。步进电机平滑加速处理在定时器中断中进行，为避免在中断服务函数中频繁进行浮点运算，需要提前将加速列表计算出来，需要使用时直接从列表中读取。最后使能定时器 PWM，每输出一个 PWM 就计数一次，达到指定步数后关闭定时器 PWM 输出，就可以让电机停止。如果需要使用平滑加速功能，只需要根据当前步数计数修改定时器频率即可。

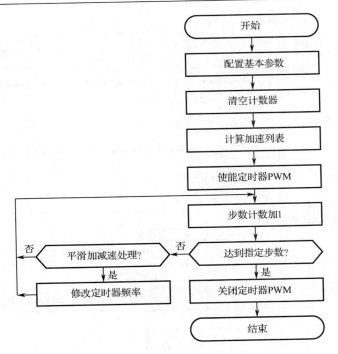

图 4-14　步进电机控制流程

4.3　设计流程

步骤 1：复制并编译原始工程

首先，将"D:\STM32KeilTest\Material\02.步进电机实验"文件夹复制到"D:\STM32KeilTest\Product"文件夹中。然后双击运行"D:\STM32KeilTest\Product\02.步进电机实验\Project"文件夹下的 STM32KeilPrj.uvprojx，单击▦按钮。当 Build Output 栏出现"FromELF: creating hex file..."时，表示已经成功生成.hex 文件，出现"0 Error(s), 0 Warnning(s)"表示编译成功。最后，将.axf 文件下载到 IVD 核心板 STM32 的内部 Flash，打开串口助手，按下 IVD 核心板上的复位按键，若实验平台打印出正确的设备信息，且 LED 正常交替闪烁，表示原始工程正确，即可进入下一步。

步骤 2：添加 StepMotor 文件对

首先，将"D:\STM32KeilTest\Product\02.步进电机实验\App\StepMotor"下的 StepMotor.c 添加到 App 分组，具体操作可参见 3.3 节步骤 8。然后，将"D:\STM32KeilTest\Product\02.步进电机实验\App\StepMotor"路径添加到"Include Paths"栏，具体操作可参见 3.3 节步骤 11。

步骤 3：完善 StepMotor.h 文件

完成 StepMotor 文件对的添加之后，就可以在 StepMotor.c 文件中添加包含 StepMotor.h 头文件的代码，如图 4-15 所示，具体做法如下：（1）在 Project 面板中，双击打开 StepMotor.c 文件；（2）根据实际情况完善模块信息；（3）在 StepMotor.c 文件的"包含头文件"区，添加代码#include "StepMotor.h"；（4）单击▦按钮进行编译；（5）编译结束后，Build Output 栏出现"0 Error(s), 0 Warnning(s)"表示编译成功；（6）StepMotor.c 目录下会出现 StepMotor.h，表示成功包含 StepMotor.h 头文件。建议每次进行代码更新或更改之后，都进行一次编译，这样可以及时发现问题。

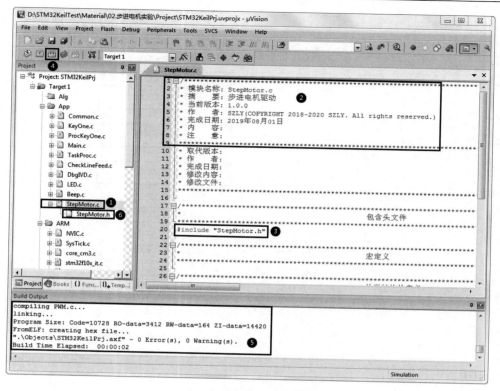

图 4-15　添加 StepMotor.h 头文件

完成在 StepMotor.c 文件中添加代码#include "StepMotor.h"之后，就可以添加防止重编译处理代码，如图 4-16 所示，具体做法如下：（1）在 Project 面板中，展开 StepMotor.c；（2）双击 StepMotor.c 下的 StepMotor.h；（3）根据实际情况完善模块信息；（4）在打开的 StepMotor.h 文件中，添加防止重编译处理代码；（5）添加完防止重编译处理代码之后，单击 ▦ 按钮进行编译；（6）编译结束后，Build Output 栏出现"0 Error(s)，0 Warning(s)"表示编译成功。注意，防止重编译预处理宏的命名格式是将头文件名改为大写，单词之间用下画线隔开，且首尾添加下画线，如 StepMotor.h 的防止重编译处理宏命名为_STEP_MOTOR_H_，又如 KeyOne.h 的防止重编译处理宏命名为_KEY_ONE_H_。

在 StepMotor.h 文件的"包含头文件"区，添加代码#include "DataType.h"，StepMotor.c 包含了 StepMotor.h，而 StepMotor.h 又包含了 DataType.h，相当于 StepMotor.c 包含了 DataType.h，因此，在 StepMotor.c 中使用 DataType.h 中的宏定义等，就不需要再重复包含头文件 DataType.h。

DataType.h 文件主要包含一些宏定义，如程序清单 4-1 所示。第一部分是一些常用数据类型的缩写替换，如 unsigned char 用 u8 替换，这样，在进行代码编写时，就不用输入 unsigned char，直接使用 u8，可以提高代码输入效率。第二部分是字节、半字和字的组合及拆分操作，这些操作在代码编写过程中使用非常频繁，例如，求一个半字的高字节，正常操作是((BYTE)(((WORD)(hw) >> 8) & 0xFF))，而使用 HIBYTE(hw)就显得既简洁又明了。第三部分是一些布尔数据、空数据及无效数据定义，例如，TRUE 实际上是 1，FALSE 实际上是 0，而无效数据 INVALID_DATA 实际上是-100。

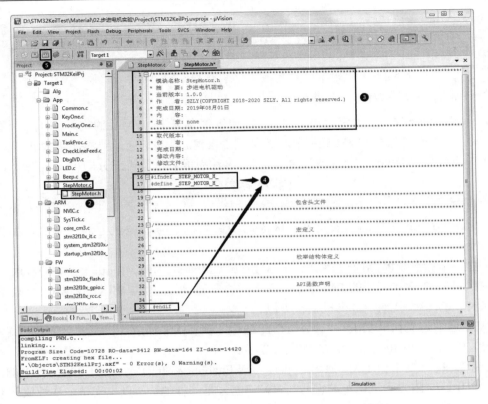

图 4-16　在 StepMotor.h 文件添加防止重编译处理代码

程序清单 4-1

```c
typedef signed char        i8;
typedef signed short       i16;
typedef signed int         i32;
typedef unsigned char      u8;
typedef unsigned short     u16;
typedef unsigned int       u32;

typedef int                BOOL;
typedef unsign ed char     BYTE;
typedef unsigned short     HWORD;   //2 字节组成一个半字
typedef unsigned int       WORD;    //4 字节组成一个字
typedef long               LONG;

#define LOHWORD(w)         ((HWORD)(w))                          //字的低半字
#define HIHWORD(w)         ((HWORD)(((WORD)(w) >> 16) & 0xFFFF)) //字的高半字


#define LOBYTE(hw)         ((BYTE)(hw) )                         //半字的低字节
#define HIBYTE(hw)         ((BYTE)(((WORD)(hw) >> 8) & 0xFF))    //半字的高字节

//2 字节组成一个半字
#define MAKEHWORD(bH, bL)  ((HWORD)(((BYTE)(bL)) | ((HWORD)((BYTE)(bH))) << 8))

//两个半字组成一个字
```

```
#define MAKEWORD(hwH, hwL)   ((WORD)(((HWORD)(hwL)) | ((WORD)((HWORD)(hwH))) << 16))

#define TRUE          1
#define FALSE         0
#define NULL          0
#define INVALID_DATA  -100
```

在 StepMotor.h 文件的"包含头文件"区添加包含头文件 PWM.h 的代码，如程序清单 4-2 所示。步进电机驱动是在 PWM 底层驱动的基础上搭建起来的，因此要添加包含 PWM.h 的代码。PWM 驱动在 Material 中已经给出，只需要专注完成步进电机部分即可。

程序清单 4-2

```
#include "PWM.h"
```

在 StepMotor.h 文件的"宏定义"区添加步进电机编号和电机方向宏定义，如程序清单 4-3 所示。

步进电机编号与 PWM 通道编号一一对应，以 Motor1 为例，Motor1 的 MOTOR_STEP1 网络连接 STM32 微控制器的 PA8 引脚，对应 TIM1 通道 1，所以将 STEP_MOTOR1 定义为 TIM1_CH1_PWM。其他步进电机编号类似。

PWM 通道定义在 PWM.h 中，从 TIM1 通道 1 到 TIM8 通道 3，共 7 个通道，编号依次从 0x01、0x02 到 0x40。这样编号的好处是可以一次性对多个 PWM 通道进行修改，例如，同时使能 TIM1 通道 1 和 TIM8 通道 3，可以写成 EnablePWM（TIM1_CH1_PWM | TIM8_CH3_PWM，NULL）。因为步进电机的编号与 PWM 编号是一样的，所以也支持一次性操作多个步进电机。

步进电机方向对应电机的 DIR 网络，用于控制电机正反转。

程序清单 4-3

```
//步进电机编号，桥接电机与 PWM 驱动
#define STEP_MOTOR1     TIM1_CH1_PWM    //J8 接口
#define STEP_MOTOR2     TIM8_CH1_PWM    //J2 接口
#define STEP_MOTOR3     TIM8_CH2_PWM    //J7 接口
#define STEP_MOTOR4     TIM1_CH3_PWM    //J9 接口
#define STEP_MOTOR5     TIM8_CH3_PWM    //J3 接口
#define STEP_MOTOR6     TIM1_CH2_PWM    //J6 接口
#define STEP_MOTOR7     TIM1_CH4_PWM    //J25 接口
#define STEP_MOTOR_ALL TIMX_PWM_ALL     //操作所有的电机

//步进电机方向
#define MOTOR_DIR_LOW  (u8)0
#define MOTOR_DIR_HIGH (u8)1
```

在 StepMotor.h 文件的"枚举结构体定义"区添加枚举 EnumMotorState，如程序清单 4-4 所示，用来描述步进电机的当前状态。MOTOR_STATE_IDLE 表示步进电机空闲，MOTOR_STATE_PROC 表示步进电机正在工作，MOTOR_STATE_DONE 表示步进电机已完成当前任务，正在等待确认。

程序清单 4-4

```
//步进电机状态
typedef enum
{
```

```
MOTOR_STATE_IDLE = 0,  //空闲状态
MOTOR_STATE_PROC = 1,  //正在运行
MOTOR_STATE_DONE = 2   //已完成
}EnumMotorState;
```

在 StepMotor.h 文件的"枚举结构体定义"区添加 EnumMotorOpe 枚举，如程序清单 4-5 所示，用来描述对步进电机的操作类型。步进电机支持 3 种操作：

① MOTOR_OPE_OPTIC 表示步进电机以恒定速度转动，检测到光耦后停下。

② MOTOR_OPE_STEP 表示步进，步进电机转动固定步数，达到指定步数后停下。

③ MOTOR_OPE_FREE 表示步进电机以恒定的速度自由前进，不会停下，需手动关闭。

本章只需完成 MOTOR_OPE_STEP 部分即可，MOTOR_OPE_OPTIC 光耦检测将在第 5 章介绍。

程序清单 4-5

```
//步进电机操作类型
typedef enum
{
  MOTOR_OPE_OPTIC = 0, //光耦检测
  MOTOR_OPE_STEP  = 1, //步进
  MOTOR_OPE_FREE  = 2  //自由转动
}EnumMotorOpe;
```

在 StepMotor.h 文件的"枚举结构体定义"区添加 EnumNeedSpeed 枚举，如程序清单 4-6 所示，用来描述电机步进时是否需要平滑加速处理。电机执行步进任务时，若速度从零突然跳变到很高，电机有可能会因为力矩不足造成丢步，从而产生偏差。为了避免丢步，提高步进电机的精度，步进电机加速时需要做平滑加速处理，让电机以较慢的速度起步，然后平滑加速，直至达到预定速度，停下时的原理与此相似。

程序清单 4-6

```
//是否需要平滑加速
typedef enum
{
  NO_SPEED = 0, //不使用平滑加速
  EN_SPEED = 1  //使用平滑加速
}EnumNeedSpeed;
```

在 StepMotor.h 文件的"枚举结构体定义"区添加 StructMotorProc 结构体，如程序清单 4-7 所示。StructMotorProc 结构体描述了一个步进电机的各类参数，程序通过它配置步进电机，下面介绍几个重要的参数。

motor 为 StepMotor.h 中宏定义的步进电机编号。除非特殊说明，本书中所有的步进电机编号都是指 StepMotor.h 中宏定义的步进电机编号。

callBack 是回调函数指针，若该指针非空，步进电机完成任务时会调用该回调函数，表示电机已完成任务，可以执行下一步操作。手动关闭电机时，该回调函数也会被调用，若无须回调，可以将其设置为 NULL。

标记只读表示该成员变量仅在步进电机驱动中使用，不可以随意更改。

程序清单 4-7

```
typedef struct
{
```

```
//基本参数
u8              motor;          //步进电机编号（只读）
EnumMotorState  state;          //步进电机当前状态
EnumMotorOpe    opration;       //步进电机操作类型
u16             speed;          //步进电机速度
u8              dir;            //方向

//步进
u16             step;           //需要走过的步数
u16             stepCnt;        //步数计数（只读）

//平滑加速，只有在步数确定的情况下才能使用平滑加速
EnumNeedSpeed   needSpeed;      //是否使能平滑加速
u16             speedNum;       //每隔多少步加速一次（只读）
u16             speedCnt;       //平滑加速计数（只读）
u32*            freq;           //平滑加速频率列表（只读）

//回调函数，步进电机完成任务后执行回调函数，NULL 表示不需要回调
void            (*callBack)(void);

}StructMotorProc;
```

在 StepMotor.h 文件的"API 函数声明"区添加步进电机驱动接口函数的声明代码，如程序清单 4-8 所示。InitStepMotor 函数用于初始化步进电机驱动，在 Main.c 文件的"内部函数实现"区的 InitSoftware 函数中调用。GetMotor 函数用于通过步进电机编号获取电机控制结构体指针，通过 EnableMotor 函数和 DisableMotor 函数支持一次性配置多个步进电机，DbgMotorStep 为电机步进调试程序。

程序清单 4-8

```
void              InitStepMotor(void);                              //初始化步进电机驱动
StructMotorProc*  GetMotor(u8 motor);                               //获取电机控制结构体指针
void              EnableMotor(u8 motor);                            //使能步进电机
void              DisableMotor(u8 motor);                           //关闭步进电机
void              DbgMotorStep(u8 motor, u16 step, u16 speed, u8 dir, u8 needSpeed); //电机步进调试
```

步骤 4：完善 StepMotor.c 文件

在 StepMotor.c 文件的"包含头文件"区添加包含头文件 stm32f10x_conf.h、math.h 和 stdio.h 的代码，如程序清单 4-9 所示。平滑加速处理中用到了 cos 余弦函数，因此要包含 C 语言的 math.h 头文件。

程序清单 4-9

```
#include <stm32f10x_conf.h>
#include "math.h"
#include "stdio.h"
```

在 StepMotor.c 文件的"宏定义"区添加平滑加速区分度 DEGREE 的宏定义，如程序清单 4-10 所示，361 表示整个过程分 361 次进行，每进行一次，更新一次 PWM 频率。

程序清单 4-10

```
#define  DEGREE 361 //平滑加速区分度，区分度越高加速越平滑，但是会频繁修改定时器频率
```

在 StepMotor.c 文件的"内部变量"区添加步进电机驱动的内部变量，如程序清单 4-11

所示。下面对每个变量进行解释。

s_structMotorxProc 的序号从 1～7，分别对应 7 个电机接口，每个电机接口均由一个结构体来管理。

s_arrMotorCode 用于将序号 1～7 转换成步进电机编码，用在串口调试中，可以输入序号来指定对哪个步进电机进行操作，不需要输入指定的步进电机编号。

s_arrFreq 为步进电机加减速列表。步进电机平滑加减速处理在中断服务函数中进行，为了避免在中断服务函数中进行浮点运算，提高程序的运行效率，需要提前将步进电机平滑加减速的每一个阶段的速度事先计算好，这样平滑加减速处理时只需要从事先准备好的表中将速度值读取出来，再修改定时器频率即可。

程序清单 4-11

```
//步进电机结构体
static StructMotorProc s_structMotor1Proc; //1 号步进电机（对应原理图上的序号）
static StructMotorProc s_structMotor2Proc; //2 号步进电机（对应原理图上的序号）
static StructMotorProc s_structMotor3Proc; //3 号步进电机（对应原理图上的序号）
static StructMotorProc s_structMotor4Proc; //4 号步进电机（对应原理图上的序号）
static StructMotorProc s_structMotor5Proc; //5 号步进电机（对应原理图上的序号）
static StructMotorProc s_structMotor6Proc; //6 号步进电机（对应原理图上的序号）
static StructMotorProc s_structMotor7Proc; //7 号步进电机（对应原理图上的序号）

//步进电机编号，在步进电机调试中，将序号 1-7 转变成对应的编号
static u8 s_arrMotorCode[7] =
{STEP_MOTOR1, STEP_MOTOR2, STEP_MOTOR3, STEP_MOTOR4, STEP_MOTOR5, STEP_MOTOR6, STEP_MOTOR7};

//步进电机加减速列表，在启动电机之前将各个阶段的频率算出来，避免在中断服务函数中进行浮点数运算
static u32 s_arrFreq[7][DEGREE];
```

在 StepMotor.c 文件的"内部函数声明"区添加步进电机驱动内部函数的声明代码，如程序清单 4-12 所示。

程序清单 4-12

```
static void ConfigMotorGPIO(void);           //配置步进电机的 DIR 和 HOLD 引脚的 GPIO
static void SetMotorDir(int motor, u8 dir);  //设置步进电机方向
static void EnableStepMotor(u8 motor);       //使能步进电机
static void DisableStepMotor(u8 motor);      //关闭步进电机
static void PWMCallBack(u8 motor);           //PWM 回调函数
```

在 StepMotor.c 文件的"内部函数实现"区添加 ConfigMotorGPIO 函数的实现代码，如程序清单 4-13 所示。ConfigMotorGPIO 函数的作用是配置步进电机的 DIR 引脚，微控制器通过 DIR 引脚控制步进电机正反转。DIR 引脚包括 PA4、PB12、PB14、PC10、PC12、PC11 和 PB7 引脚，可参照程序清单 4-13 完成引脚的配置。

程序清单 4-13

```
static void ConfigMotorGPIO(void)
{
  GPIO_InitTypeDef GPIO_InitStructure;  //定义结构体 GPIO_InitStructure,用来配置 GPIO

  RCC_APB2PeriphClockCmd(RCC_APB2Periph_GPIOA, ENABLE);
  RCC_APB2PeriphClockCmd(RCC_APB2Periph_GPIOB, ENABLE);
  RCC_APB2PeriphClockCmd(RCC_APB2Periph_GPIOC, ENABLE);
```

```
//Motor1_DIR
GPIO_InitStructure.GPIO_Pin   = GPIO_Pin_4;          //Motor1_DIR 引脚
GPIO_InitStructure.GPIO_Speed = GPIO_Speed_50MHz;    //引脚速率为 50MHz
GPIO_InitStructure.GPIO_Mode  = GPIO_Mode_Out_PP;    //通用推挽输出
GPIO_Init(GPIOA, &GPIO_InitStructure);               //调用库函数初始化

//Motor2_DIR
GPIO_InitStructure.GPIO_Pin   = GPIO_Pin_12;         //Motor2_DIR 引脚
GPIO_InitStructure.GPIO_Speed = GPIO_Speed_50MHz;    //引脚速率为 50MHz
GPIO_InitStructure.GPIO_Mode  = GPIO_Mode_Out_PP;    //通用推挽输出
GPIO_Init(GPIOB, &GPIO_InitStructure);               //调用库函数初始化

//Motor3_DIR
GPIO_InitStructure.GPIO_Pin   = GPIO_Pin_14;         //Motor3_DIR 引脚
GPIO_InitStructure.GPIO_Speed = GPIO_Speed_50MHz;    //引脚速率为 50MHz
GPIO_InitStructure.GPIO_Mode  = GPIO_Mode_Out_PP;    //通用推挽输出
GPIO_Init(GPIOB, &GPIO_InitStructure);               //调用库函数初始化

//Motor4_DIR
GPIO_InitStructure.GPIO_Pin   = GPIO_Pin_10;         //Motor4_DIR 引脚
GPIO_InitStructure.GPIO_Speed = GPIO_Speed_50MHz;    //引脚速率为 50MHz
GPIO_InitStructure.GPIO_Mode  = GPIO_Mode_Out_PP;    //通用推挽输出
GPIO_Init(GPIOC, &GPIO_InitStructure);               //调用库函数初始化

//Motor5_DIR
GPIO_InitStructure.GPIO_Pin   = GPIO_Pin_12;         //Motor5_DIR 引脚
GPIO_InitStructure.GPIO_Speed = GPIO_Speed_50MHz;    //引脚速率为 50MHz
GPIO_InitStructure.GPIO_Mode  = GPIO_Mode_Out_PP;    //通用推挽输出
GPIO_Init(GPIOC, &GPIO_InitStructure);               //调用库函数，初始化

//Motor6_DIR
GPIO_InitStructure.GPIO_Pin   = GPIO_Pin_11;         //Motor6_DIR 引脚
GPIO_InitStructure.GPIO_Speed = GPIO_Speed_50MHz;    //引脚速率为 50MHz
GPIO_InitStructure.GPIO_Mode  = GPIO_Mode_Out_PP;    //通用推挽输出
GPIO_Init(GPIOC, &GPIO_InitStructure);               //调用库函数初始化

//Motor7_DIR
GPIO_InitStructure.GPIO_Pin   = GPIO_Pin_7;          //Motor7_DIR 引脚
GPIO_InitStructure.GPIO_Speed = GPIO_Speed_50MHz;    //引脚速率为 50MHz
GPIO_InitStructure.GPIO_Mode  = GPIO_Mode_Out_PP;    //通用推挽输出
GPIO_Init(GPIOB, &GPIO_InitStructure);               //调用库函数初始化

SetMotorDir(STEP_MOTOR_ALL, MOTOR_DIR_LOW);
}
```

在 StepMotor.c 文件的"内部函数实现"区添加 SetMotorDir 函数的实现代码，如程序清单 4-14 所示。SetMotorDir 函数用来设置 DIR 引脚输出，以达到控制步进电机转向的目的。参数 motor 表示步进电机编号，在 PWM.h 中定义，参数 dir 表示步进电机方向。

程序清单 4-14

```
static void SetMotorDir(int motor, u8 dir)
```

```c
{
  //Motor1
  if (motor & STEP_MOTOR1)
  {
    if (MOTOR_DIR_HIGH == dir)
    {
      GPIO_SetBits(GPIOA, GPIO_Pin_4);
    }
    else
    {
      GPIO_ResetBits(GPIOA, GPIO_Pin_4);
    }
  }

  //Motor2
  if (motor & STEP_MOTOR2)
  {
    if (MOTOR_DIR_HIGH == dir)
    {
      GPIO_SetBits(GPIOB, GPIO_Pin_12);
    }
    else
    {
      GPIO_ResetBits(GPIOB, GPIO_Pin_12);
    }
  }

  //Motor3
  if (motor & STEP_MOTOR3)
  {
    if (MOTOR_DIR_HIGH == dir)
    {
      GPIO_SetBits(GPIOB, GPIO_Pin_14);
    }
    else
    {
      GPIO_ResetBits(GPIOB, GPIO_Pin_14);
    }
  }

  //Motor4
  if (motor & STEP_MOTOR4)
  {
    if (MOTOR_DIR_HIGH == dir)
    {
      GPIO_SetBits(GPIOC, GPIO_Pin_10);
    }
    else
    {
      GPIO_ResetBits(GPIOC, GPIO_Pin_10);
    }
  }
```

```
//Motor5
if (motor & STEP_MOTOR5)
{
  if (MOTOR_DIR_HIGH == dir)
  {
    GPIO_SetBits(GPIOC, GPIO_Pin_12);
  }
  else
  {
    GPIO_ResetBits(GPIOC, GPIO_Pin_12);
  }
}

//Motor6
if (motor & STEP_MOTOR6)
{
  if (MOTOR_DIR_HIGH == dir)
  {
    GPIO_SetBits(GPIOC, GPIO_Pin_11);
  }
  else
  {
    GPIO_ResetBits(GPIOC, GPIO_Pin_11);
  }
}

//Motor7
if (motor & STEP_MOTOR7)
{
  if (MOTOR_DIR_HIGH == dir)
  {
    GPIO_SetBits(GPIOB, GPIO_Pin_7);
  }
  else
  {
    GPIO_ResetBits(GPIOB, GPIO_Pin_7);
  }
}
}
```

在 StepMotor.c 文件的"内部函数实现"区添加 EnableStepMotor 函数的实现代码，如程序清单 4-15 所示。这里使用 cos 函数做平滑加减速处理，使能步进电机的同时将加减速列表提前计算出来。

程序清单 4-15

```
static void EnableStepMotor(u8 motor)
{
  u16    i    = 0;
  double angle = 0; //角度（弧度）

  StructMotorProc* stepMotor = NULL;
```

```
stepMotor = GetMotor(motor);

//设置当前状态为正在处理中
stepMotor->state = MOTOR_STATE_PROC;

//计数器归零
stepMotor->stepCnt = 0;

//设置步进电机方向
SetMotorDir(stepMotor->motor, stepMotor->dir);

//设置步进电机速度
if (EN_SPEED == stepMotor->needSpeed && MOTOR_OPE_STEP == stepMotor->opration)
{
  //求出每隔多少步加速一次（总步数/区分度），避免频繁打开/关闭定时器。向上取整，避免数组寻址溢出
  stepMotor->speedNum = ceil(((double)stepMotor->step) / ((double)DEGREE));

  //使用 cos 函数进行平滑加速，在这里提前计算出定时器频率，避免中断服务函数中进行浮点数运算
  for(i = 0; i < DEGREE; i++)
  {
    //角度从-90°到90°（这里π取近似值3.14159，0.5π则取近似值1.57）
    angle = -1.57 + 3.14159 * ((double)i) / ((double)DEGREE);

    //平滑处理
    stepMotor->freq[i] = (u32)(((double)stepMotor->speed) * cos(angle));
    if(stepMotor->freq[i] < 200)
    {
      stepMotor->freq[i] = 200;
    }
  }

  //清空平滑加速计数器
  stepMotor->speedCnt = 0;

  //修改定时器频率（相当于修改 PWM 频率）
  SetTIMxFreq(stepMotor->motor, stepMotor->freq[0]);
}
else
{
  SetTIMxFreq(stepMotor->motor, stepMotor->speed);
}

//开启 PWM
EnablePWM(stepMotor->motor, PWMCallBack);
}
```

在 StepMotor.c 文件的"内部函数实现"区添加 DisableStepMotor 函数的实现代码，如程序清单 4-16 所示。DisableStepMotor 函数通过关闭定时器 PWM 输出使步进电机停下，若回调函数指针非空，则执行回调函数。注意，回调函数不可执行耗时任务。

程序清单 4-16

```
static void DisableStepMotor(u8 motor)
```

```
{
  StructMotorProc* stepMotor = NULL;
  stepMotor = GetMotor(motor);

  //关闭定时器 PWM
  DisablePWM(stepMotor->motor);
  stepMotor->state = MOTOR_STATE_DONE;

  //回调
  if (NULL != stepMotor->callBack)
  {
    stepMotor->callBack();
  }
}
```

在 StepMotor.c 文件的"内部函数实现"区添加 PWMCallBack 函数的实现代码，如程序清单 4-17 所示。该函数由 PWM 驱动调用，定时器每发出一个 PWM 脉冲，都会调用该回调函数一次，同时通过函数参数传回 PWM 通道编号，PWM 通道编号与步进电机编号一一对应。

PWM 驱动每输出一个 PWM 脉冲，步进电机就转动一步，因此可以在 PWMCallBack 中记录步数，达到预定步数后调用 DisableMotor 关闭步进电机。若需要使用平滑加速功能，只需要从预先准备好的速度列表中将速度值读取出来，修改定时器频率即可。

程序清单 4-17

```
static void PWMCallBack(u8 motor)
{
  StructMotorProc* stepMotor = NULL;

  stepMotor = GetMotor(motor);
  if (MOTOR_STATE_PROC != stepMotor->state || NULL == stepMotor)
  {
    return;
  }
  stepMotor->stepCnt++;

  //步进
  if (MOTOR_OPE_STEP == stepMotor->opration)
  {
    //达到指定步数
    if (stepMotor->stepCnt >= stepMotor->step)
    {
      DisableMotor(stepMotor->motor);
      return;
    }

    //平滑加速处理
    if (EN_SPEED == stepMotor->needSpeed)
    {
      if(0 == (stepMotor->stepCnt % stepMotor->speedNum))
      {
        //修改定时器频率
        SetTIMxFreq(stepMotor->motor, stepMotor->freq[stepMotor->speedCnt]);
```

```
        stepMotor->speedCnt++;
    }
  }
}
}
```

在 StepMotor.c 文件的 "API 函数实现" 区添加 InitStepMotor 函数的实现代码，如程序清单 4-18 所示。InitStepMotor 函数由 Main.c 中的 InitSoftware 函数调用，用于初始化步进电机驱动。

程序清单 4-18

```
void InitStepMotor(void)
{
  //配置步进电机控制方向 GPIO
  ConfigMotorGPIO();

  //设置步进电机编号，设置后不再改变
  s_structMotor1Proc.motor = STEP_MOTOR1;
  s_structMotor2Proc.motor = STEP_MOTOR2;
  s_structMotor3Proc.motor = STEP_MOTOR3;
  s_structMotor4Proc.motor = STEP_MOTOR4;
  s_structMotor5Proc.motor = STEP_MOTOR5;
  s_structMotor6Proc.motor = STEP_MOTOR6;
  s_structMotor7Proc.motor = STEP_MOTOR7;

  //匹配步进电机平滑加速频率列表
  s_structMotor1Proc.freq = s_arrFreq[0];
  s_structMotor2Proc.freq = s_arrFreq[1];
  s_structMotor3Proc.freq = s_arrFreq[2];
  s_structMotor4Proc.freq = s_arrFreq[3];
  s_structMotor5Proc.freq = s_arrFreq[4];
  s_structMotor6Proc.freq = s_arrFreq[5];
  s_structMotor7Proc.freq = s_arrFreq[6];

  //清空回调函数
  s_structMotor1Proc.callBack = NULL;
  s_structMotor2Proc.callBack = NULL;
  s_structMotor3Proc.callBack = NULL;
  s_structMotor4Proc.callBack = NULL;
  s_structMotor5Proc.callBack = NULL;
  s_structMotor6Proc.callBack = NULL;
  s_structMotor7Proc.callBack = NULL;

  //关闭所有电机
  DisableMotor(STEP_MOTOR_ALL);
}
```

在 StepMotor.c 文件的 "API 函数实现" 区添加 GetMotor 函数的实现代码，如程序清单 4-19 所示。GetMotor 函数用于通过步进电机编号获取 StepMotor 驱动内部变量区 s_structMotorxProc 的地址，通过修改 s_structMotorxProc 中的成员变量实现对步进电机的配置。

程序清单 4-19

```
StructMotorProc* GetMotor(u8 motor)
{
```

```
StructMotorProc* result = NULL;

switch (motor)
{
case STEP_MOTOR1:
  result = &s_structMotor1Proc;
  break;
case STEP_MOTOR2:
  result = &s_structMotor2Proc;
  break;
case STEP_MOTOR3:
  result = &s_structMotor3Proc;
  break;
case STEP_MOTOR4:
  result = &s_structMotor4Proc;
  break;
case STEP_MOTOR5:
  result = &s_structMotor5Proc;
  break;
case STEP_MOTOR6:
  result = &s_structMotor6Proc;
  break;
case STEP_MOTOR7:
  result = &s_structMotor7Proc;
  break;
default:
  result = NULL;
  break;
}

return result;
}
```

　　在 StepMotor.c 文件的"API 函数实现"区添加 EnableMotor 函数的实现代码，如程序清单 4-20 所示。EnableMotor 函数支持一次性使能多个步进电机，例如，同时使能 1 号和 2 号步进电机，可以写成 EnableMotor(STEP_MOTOR1 | STEP_MOTOR2)。

程序清单 4-20

```
void EnableMotor(u8 motor)
{
  //StepMotor1
  if(motor & STEP_MOTOR1)
  {
    EnableStepMotor(STEP_MOTOR1);
  }

  //StepMotor2
  if(motor & STEP_MOTOR2)
  {
    EnableStepMotor(STEP_MOTOR2);
  }
```

```
//StepMotor3
if(motor & STEP_MOTOR3)
{
  EnableStepMotor(STEP_MOTOR3);
}

//StepMotor4
if(motor & STEP_MOTOR4)
{
  EnableStepMotor(STEP_MOTOR4);
}

//StepMotor5
if(motor & STEP_MOTOR5)
{
  EnableStepMotor(STEP_MOTOR5);
}

//StepMotor6
if(motor & STEP_MOTOR6)
{
  EnableStepMotor(STEP_MOTOR6);
}

//StepMotor7
if(motor & STEP_MOTOR7)
{
  EnableStepMotor(STEP_MOTOR7);
}
}
```

　　在 StepMotor.c 文件的"API 函数实现"区添加 DisableMotor 函数的实现代码，如程序清单 4-21 所示。DisableMotor 函数支持一次性关闭多个步进电机，使用方法与 EnableMotor 函数类似。

程序清单 4-21

```
void DisableMotor(u8 motor)
{
  //StepMotor1
  if(motor & STEP_MOTOR1)
  {
    DisableStepMotor(STEP_MOTOR1);
  }

  //StepMotor2
  if(motor & STEP_MOTOR2)
  {
    DisableStepMotor(STEP_MOTOR2);
```

```
    }

    //StepMotor3
    if(motor & STEP_MOTOR3)
    {
      DisableStepMotor(STEP_MOTOR3);
    }

    //StepMotor4
    if(motor & STEP_MOTOR4)
    {
      DisableStepMotor(STEP_MOTOR4);
    }

    //StepMotor5
    if(motor & STEP_MOTOR5)
    {
      DisableStepMotor(STEP_MOTOR5);
    }

    //StepMotor6
    if(motor & STEP_MOTOR6)
    {
      DisableStepMotor(STEP_MOTOR6);
    }

    //StepMotor7
    if(motor & STEP_MOTOR7)
    {
      DisableStepMotor(STEP_MOTOR7);
    }
}
```

在 StepMotor.c 文件的"API 函数实现"区添加 DbgMotorStep 函数的实现代码，如程序清单 4-22 所示。DbgMotorStep 函数是使用步进电机的一个示例，将该函数放在 DbgIVD 调试组件中，就可以通过串口助手控制步进电机。注意，为了方便调试，这里输入的步进电机编号为 1～7。

程序清单 4-22

```
void DbgMotorStep(u8 motor, u16 step, u16 speed, u8 dir, u8 needSpeed)
{
  u8 motorCode = 0;
  StructMotorProc* stepMotor;

  //将 1～7 转换成对应的步进电机编码
  motorCode = s_arrMotorCode[motor - 1];

  //获取该步进电机的结构体指针
  stepMotor = GetMotor(motorCode);
```

```
if (NULL == stepMotor)
{
  printf("StepMotor: motor error, please check!\r\n");
  return;
}

stepMotor->opration  = MOTOR_OPE_STEP;  //步进
stepMotor->speed = speed;               //步进电机速度
stepMotor->dir   = dir;                 //步进电机方向
stepMotor->step  = step;                //步数

//平滑加减速
if (needSpeed)
{
  stepMotor->needSpeed = EN_SPEED;      //使用平滑加减速
}
else
{
  stepMotor->needSpeed = NO_SPEED;      //不使用加减速

}
stepMotor->callBack  = NULL;            //不需要回调

EnableMotor(stepMotor->motor);
}
```

步骤 5：步进电机驱动应用层实现

在 DbgIVD.c 文件"包含头文件"区添加头文件 StepMotor.h，如程序清单 4-23 所示。

程序清单 4-23

```
#include "StepMotor.h"
```

在 DbgIVD.c 文件"内部变量"区将步进电机调试任务添加到调试任务列表 s_arrDbgIVDProc 中，如程序清单 4-24 所示。注意，输入参数数量要与实际参数数量一致，这样就可以通过 DbgIVD 调试组件来控制步进电机了。

程序清单 4-24

```
//调试任务列表
static StructDbg s_arrDbgProc[] =
{
  {DbgIVDTest      , 0, "DbgIVDTest(void)"                                    }, //DbgIVD 测试
  {DbgMotorStep    , 5, "DbgMotorStep(motor, step, speed, dir, needSpeed)"}, //电机步进调试
};
```

在 Main.c 文件"包含头文件"区添加包含头文件 StepMotor.h，如程序清单 4-25 所示。

程序清单 4-25

```
#include "StepMotor.h"
```

在 Main.c 文件"内部函数实现"区的 InitSoftware 函数添加步进电机驱动初始化程序，如程序清单 4-26 所示，这样就实现了对步进电机驱动的初始化。

程序清单 4-26

```
static  void  InitSoftware(void)
{
```

```
DisableOSC32AndJTAG();        //禁用 OSC32 和 JTAG
InitSystemStatus();           //初始化系统状态，确定 IVD 型号
InitTask();                   //初始化时间片
InitDbgIVD();                 //初始化体外诊断调试组件模块
InitKeyOne();                 //初始化按键模块
InitProcKeyOne();             //初始化 ProcKeyOne 模块
InitLED();                    //初始化 LED 模块
InitBeep();                   //初始化蜂鸣器
InitStepMotor();              //初始化步进电机驱动
}
```

步骤 6：编译及下载验证

代码编写完成后，单击 按钮进行编译，编译结束后，Build Output 栏出现"0 Error(s)，0 Warning(s)"，表示编译成功。在验证之前需要做一些安全措施，首先将液面检测与移液实验平台（IVD1）断电；然后将液面检测与移液实验平台（IVD1）的取样臂在竖直方向上调整到最高，水平方向上调整到 4 号试管上方；最后上电，接上 B 型 USB 线和 ST-LINK。

将拨码开关拨至"00"，编号为 IVD1 的橙色发光二极管亮起，表示当前实验平台为液面检测与移液实验平台。然后通过 Keil μVision5 软件下载 .axf 文件到 STM32F103 微控制器。下载完成后，打开串口助手，输入"help"命令，可以看到步进电机调试任务已经成功添加到 DbgIVD 调试组件中，如图 4-17 所示。

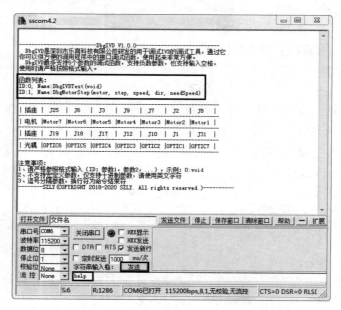

图 4-17　DbgIVD 添加控制步进电机调试

接着进行步进电机驱动的验证与调试。取样臂水平转动电机为 3 号电机，dir 为 1 时向右旋转（电机往控制板方向），为 0 时向左旋转。取样臂竖直移动电机为 2 号电机，dir 为 1 时竖直向上，为 0 时竖直向下。

输入命令"1:3, 500, 200, 1, 1"，如图 4-18 所示，单击"发送"按钮，取样臂向右旋转一小段距离，表示实验成功。注意，输入命令时要勾选"发送新行"项，否则 DbgIVD 调试组件将无回应。

此外，可以尝试控制取样臂上下左右运动，修改 needSpeed 参数还能使能或禁用平滑加速。

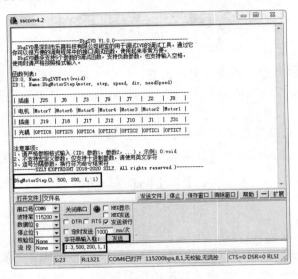

图 4-18　DbgIVD 控制步进电机

拓 展 设 计

表 4-15 中给出了液面检测与移液实验平台 1 号试管与其他试管之间的大致距离（步数），利用 DbgIVD 调试组件的 DbgMotorStep 调试函数，测量出 1 号试管与其他试管之间的精确步数并填入表中，然后设计一个调试函数，实现取样针在各试管上方的水平移动，输入参数包括但不限于当前所在位置下方的试管编号、需要前往位置下方的试管编号。注意，调试前需要保证取样臂位于竖直最上方，以免损坏取样针。

表 4-15　1 号试管与其他试管间的步数

试管编号	2	3	4	5	6	7
步数	500	800	1000	1300	1600	2000
精确步数						

思 考 题

1. 液面检测与移液实验平台在使用过程中有哪些注意事项？
2. 步进电机与普通的直流电机有什么不同？
3. 简述一相励磁、二相励磁和一二相励磁的特点，为何一二相励磁可以转动半步？
4. 步进电机为什么要用细分控制？细分控制的作用是什么？
5. 步进电机为什么需要进行加减速控制？常见的加减速控制模型有哪些？
6. 简述电机驱动芯片驱动步进电机的原理。
7. TMC2130 驱动芯片的 STEP 和 DIR 引脚的作用分别是什么？
8. 微控制器是怎么控制电机驱动芯片完成步进电机的精密控制的？
9. 如果采用 16 细分控制，步进电机旋转一圈一共需要多少步？微控制器一次需要发出多少个 PWM 脉冲？采用 8 细分控制又如何？

第 5 章　光耦检测

体外诊断实验平台上的光耦是光电开关的一种，它是利用被检测物对光束的遮挡，由同步回路接通电路，从而检测物体的有无、位置等，在体外诊断实验平台上主要用于电机的归位校准。

本章将详细介绍光耦检测原理、检测方式及硬件电路图，设计光耦检测程序，利用 DbgIVD 调试组件控制液面检测与移液实验平台（IVD1）的步进电机进行光耦检测。

5.1　理论基础

5.1.1　光耦简介

光耦合器（Optical Coupler，OC）也称光电耦合器或光电隔离器，简称光耦，其内部结构如图 5-1 所示。它是以光为媒介来传输电信号的器件，通常把发光器（红外线发光二极管）与受光器（光敏半导体管）封装在同一管壳内。当输入端加电信号时，发光器发出光线，受光器接收到光线之后产生光电流，光电流从输出端流出，从而实现了"电-光-电"的转换。由于光耦具有体积小、寿命长、无触点、抗干扰能力强、输出和输入之间绝缘及单向传输等优点，在数字电路中获得了广泛的应用。

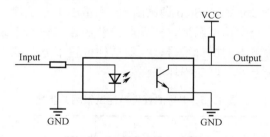

图 5-1　光耦内部结构示意图

由于光耦以光为媒介进行信号传输，输入、输出之间互相隔离，具有良好的电绝缘能力和抗干扰能力。因此广泛用于电气绝缘、电平转换、级间耦合、驱动电路、开关电路、斩波器、多谐振荡器、信号隔离、级间隔离、脉冲放大电路、数字仪表、远距离信号传输、脉冲放大、固态继电器（SSR）、仪器仪表、通信设备及微机接口中。

5.1.2　光耦遮光与未遮光

光耦以电-光-电的形式实现信号的传输，因此通过阻断发光器和受光器之间光线的传播，就可以控制光耦的输出信号。

体外诊断实验平台使用的光耦属于一种槽型光耦，具体参数指标如表 5-1 所示，其接线图如图 5-2 所示。

表 5-1　槽型光耦参数

检测距离	6mm（固定）
最小检测物体	0.8mm×1.2mm 不透明体
应差	0.05mm 以下
重复精度	0.01mm 以下
电源电压	5V DC
最大流入电流	50mA
输出动作	配备入光时 ON 和遮光时 ON 两种输出

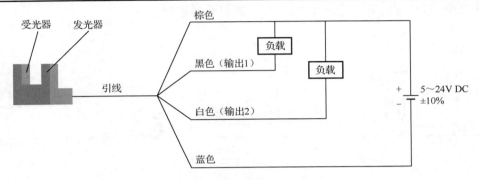

图 5-2　槽型光耦的结构及其接线图

　　槽型光耦也常被称作槽型光电开关，其特点是在发光器与受光器之间有一段空隙，当受光器能正常接收到发光器发出的红外光时，两条输出引线分别输出高低电平；而当发光器与受光器之间有不透光的物体阻隔光线的传播时，两条输出引线的电平都会发生跳变。具体的电平输出如表 5-2 所示。

表 5-2　IVD1 槽型光耦输出电平

引线	引线颜色	输出电平
输出 1	黑色	遮光时为高电平
输出 2	白色	入光时为高电平

　　本章用到两个光耦，分别用于检测取样臂的水平归位和竖直归位。控制取样臂水平旋转的简易模型如图 5-3 所示，其中，大同步轮与取样臂相连，小同步轮与水平步进电机相连，通过同步带的作用，步进电机可以精确地控制取样臂水平旋转。

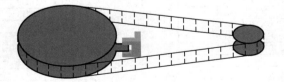

图 5-3　控制取样臂水平旋转的简易模型

　　大同步轮的下半部分有一块突起的定位片，当大同步轮的定位片恰好转到槽型光耦的发光器和受光器之间时，便会起到遮光的效果，从而引起光耦的输出引脚发生电平跳变。将此处作为取样臂的水平归位点，就可以用该光耦检测取样臂在水平方向上是否归位。同样，在竖直方向上，当取样臂上升到最高点时，另一个光耦恰好被遮光，可利用同样的原理检测取样臂在竖直方向上是否归位。

5.1.3　光耦接口电路

前面介绍了光耦的 4 根引线的接法（控制板上预留了 6 个光耦接口），接口 1 电路如图 5-4 所示，光耦的接线方式如图 5-5 所示。J_1 座的 3 号引脚连接光耦的黑色引线（输出 1）。由表 5-2 可知，当光耦正常入光时，3 号引脚为低电平，VD_{10} 点亮；当光耦被遮光时，3 号引脚为高电平，VD_{10} 熄灭。因此，STM32 微控制器可以根据 3 号引脚的电平变化来判断定位片是否位于光耦位置，并可通过 VD_{10} 指示光耦是否被遮光。

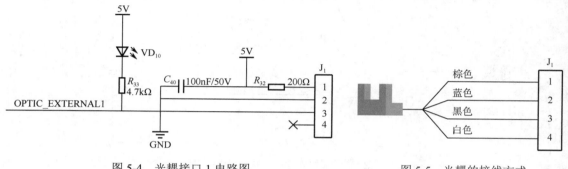

图 5-4　光耦接口 1 电路图　　　　　　　　图 5-5　光耦的接线方式

5.1.4　光耦输出电平转换电路

光耦输出电平转换电路如图 5-6 所示，采用 74 系列逻辑芯片 74LVX4245MTCX（U_{10}），该芯片是一款具有三态输出的 8 位双电源转换收发器，用于桥接 5V 数据总线和 3V3 数据总线，实现 5V 电平和 3V3 电平之间的相互转换，通过 T/$\overline{R}$ 引脚控制转换方向。

由于光耦检测中 OPTIC_EXTERNALx 信号高电平为 5V，而 STM32 微控制器的部分引脚不兼容 5V，因此需要通过 74LVX4245MTCX 芯片将 5V 电平信号转换成 3V3 电平信号。

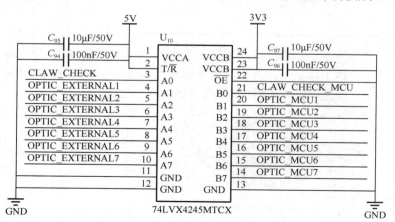

图 5-6　光耦输出电平转换电路

74LVX4245MTCX 芯片的引脚定义及真值表分别如表 5-3 和表 5-4 所示。

表 5-3　74LVX4245MTCX 芯片引脚定义

引　　脚	说　　明
$\overline{OE}$	输出使能（低电平有效）
T/$\overline{R}$	发送/接收
A0～A7	A 端输入或三态输出
B0～B7	B 端输入或三态输出

表 5-4　74LVX4245MTCX 芯片真值表

Input		Output
$\overline{OE}$	T/$\overline{R}$	
L	L	B 端输入，A 端输出
L	H	A 端输入，B 端输出
H	X	高阻态

从图 5-6 可知 $\overline{OE}$ 引脚为低电平，T/$\overline{R}$ 引脚为高电平，因此 A 端为输入，B 端为输出。而 A1～A6 分别连接网络 OPTIC_EXTERNAL1～OPTIC_EXTERNAL6，即 6 个光耦接口的 3 号引脚，A7 连接液面检测接口的引脚，这里不做介绍。74LVX4245MTCX 芯片将光耦输出的 5V 电平信号转换成 3V3 电平信号后，再由对应的 B1～B6 引脚输出，OPTIC_MCU1～OPTIC_MCU6 连接到微控制器的 I/O，用于后续的逻辑处理。

5.1.5　OPTIC 模块函数

本章的工程中，对于光耦的控制主要由 OPTIC 模块的函数来实现，该模块共有 1 个内部函数和 2 个 API 函数，下面一一进行介绍。

1. 内部函数

ConfigOPTICGPIO 的功能是配置所有光耦引脚 OPTIC 的 GPIO，具体描述如表 5-5 所示。

表 5-5　ConfigOPTICGPIO 函数描述

函数名	ConfigOPTICGPIO
函数原型	static void ConfigOPTICGPIO(void)
功能描述	配置 OPTIC 引脚的 GPIO
输入参数	void
输出参数	void
返回值	void

2. API 函数

（1）InitOPTIC

InitOPTIC 的功能是初始化 OPTIC 驱动，通过调用 ConfigOPTICGPIO 来实现 OPTIC 驱动的初始化，具体描述如表 5-6 所示。

表 5-6　InitOPTIC 函数描述

函数名	InitOPTIC
函数原型	void InitOPTIC(void)

功能描述	初始化 OPTIC 驱动
输入参数	void
输出参数	void
返回值	void

（2）GetOPTICValue

GetOPTICValue 的功能是获取 OPTIC 输入值，通过参数 port，调用 GPIO_ReadInputDataBit 函数得到对应端口引脚的输入电平，具体描述如表 5-7 所示。

表 5-7　GetOPTICValue 函数描述

函数名	GetOPTICValue
函数原型	u8 GetOPTICValue(u8 port)
功能描述	获取 OPTIC 输入
输入参数	port：读取端口，OPTIC1～OPTIC7
输出参数	void
返回值	OPTIC 接口输入值

5.2　设计思路

5.2.1　工程结构

如图 5-7 所示为光耦检测实验的工程结构，光耦检测实验使用 F103 基准工程的框架，以及步进电机控制中的 StepMotor 模块，并在该模块的基础上根据本章的要求对步进电机的控制进行了改动。对光耦的驱动是通过新增的 OPTIC 模块来实现的，OPTIC 模块的功能包括光耦 GPIO 的配置、初始化、光耦信号的输入捕获等。

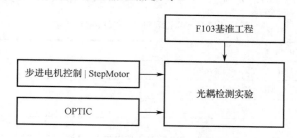

图 5-7　光耦检测实验工程结构

5.2.2　光耦检测流程

步进电机光耦检测流程如图 5-8 所示。首先配置步进电机的基本参数，包括速度、方向、光耦编号、光耦有效值及最大步数。然后清空计数器，并使能定时器 PWM 输出，这样步进电机就可以朝着指定方向转动。步进电机在转动过程中，每前进一步就检查一下是否检测到光耦，若检测到光耦，则表明步进电机达到指定位置，随即关闭定时器 PWM 输出，使步进电机停下。在光耦检测中还有一个预设最大步数，当步进电机超过最大步数但仍未检测到光耦时，强制停止电机。

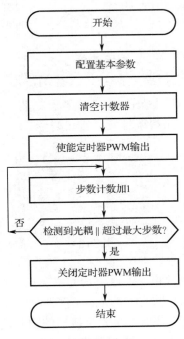

图 5-8　光耦检测流程图

5.3　设计流程

步骤 1：复制并编译原始工程

首先，将"D:\STM32KeilTest\Material\03.光耦检测实验"文件夹复制到"D:\STM32KeilTest\Product"文件夹中。然后双击运行"D:\STM32KeilTest\Product\03.光耦检测实验\Project"文件夹中的 STM32KeilPrj.uvprojx，单击 ![icon] 图标。当 Build Output 栏出现"FromELF: creating hex file..."表示已经成功生成.hex 文件，出现"0 Error(s), 0 Warnning(s)"表示编译成功。最后，将.axf 文件下载到体外诊断控制板 STM32 的内部 Flash，打开串口助手，按下体外诊断控制板上的复位按键，若体外诊断实验平台打印出正确的设备信息，且 LED 正常交替闪烁，表示原始工程正确，可以进入下一步。

步骤 2：添加 OPTIC 文件对

首先，将"D:\STM32KeilTest\Product\03.光耦检测实验\App\OPTIC"下的 OPTIC.c 添加到 App 分组，具体操作可参见 3.3 节步骤 8。然后，将"D:\STM32KeilTest\Product\03.光耦检测实验\App\OPTIC"路径添加到"Include Paths"栏，具体操作可参见 3.3 节步骤 11。

步骤 3：完善 OPTIC.h 文件

首先，在 OPTIC.c 文件的"包含头文件"区，添加代码#include "OPTIC.h"，然后单击 ![icon] 按钮进行编译。编译成功后，在 Project 面板，双击 OPTIC.c 下的 OPTIC.h，在打开的 OPTIC.h 文件里添加防止重编译处理代码，如程序清单 5-1 所示。

程序清单 5-1

```
#ifndef _OPTIC_H_
#define _OPTIC_H_

#endif
```

在 OPTIC.h 文件的"包含头文件"区添加包含头文件 DataType.h 的代码,如程序清单 5-2 所示。

程序清单 5-2

```
#include "DataType.h"
```

在 OPTIC.h 文件的"宏定义"区添加光耦编号宏定义,如程序清单 5-3 所示。因为无须一次性操作多个光耦接口,所以光耦编号使用自然编号。

程序清单 5-3

```
#define OPTIC1 (u8)1 //J1
#define OPTIC2 (u8)2 //J10
#define OPTIC3 (u8)3 //J12
#define OPTIC4 (u8)4 //J17
#define OPTIC5 (u8)5 //J18
#define OPTIC6 (u8)6 //J19
#define OPTIC7 (u8)7 //J31
```

在 OPTIC.h 文件的"API 函数声明"区添加光耦驱动 API 函数声明,如程序清单 5-4 所示。InitOPTIC 用于初始化光耦驱动,在 Main.c 文件"内部函数实现"区的 InitSoftware 函数中调用,GetOPTICValue 函数用于获取某个光耦接口的输入值。

程序清单 5-4

```
void InitOPTIC(void);          //初始化 OPTIC
u8   GetOPTICValue(u8 port); //获取 OPTIC 输入
```

步骤 4:完善 OPTIC.c 文件

在 OPTIC.c 文件的"包含头文件"区添加包含头文件 stm32f10x_conf.h 的代码,如程序清单 5-5 所示。

程序清单 5-5

```
#include <stm32f10x_conf.h>
```

在 OPTIC.c 文件的"内部函数声明"区,添加 ConfigOPTICGPIO 函数的声明代码,如程序清单 5-6 所示。ConfigOPTICGPIO 函数用于配置 OPTIC 驱动的 GPIO。

程序清单 5-6

```
static void ConfigOPTICGPIO(void); //初始化 OPTIC 的 GPIO
```

在 OPTIC.c 文件的"内部函数实现"区,添加 ConfigOPTICGPIO 函数的实现代码,如程序清单 5-7 所示。OPTIC1~OPTIC7 对应的引脚分别为 PC2、PC3、PC4、PC5、PD2、PB6 和 PA12,参照程序清单 5-7 完成各引脚的配置。

程序清单 5-7

```
static void ConfigOPTICGPIO(void)
{
  GPIO_InitTypeDef GPIO_InitStructure;       //定义结构体 GPIO_InitStructure,配置 OPTIC 的 GPIO
  RCC_APB2PeriphClockCmd(RCC_APB2Periph_GPIOA, ENABLE); //开启 GPIOA 时钟
  RCC_APB2PeriphClockCmd(RCC_APB2Periph_GPIOB, ENABLE); //开启 GPIOB 时钟
  RCC_APB2PeriphClockCmd(RCC_APB2Periph_GPIOC, ENABLE); //开启 GPIOC 时钟
  RCC_APB2PeriphClockCmd(RCC_APB2Periph_GPIOD, ENABLE); //开启 GPIOD 时钟

  //OPTIC1, J1 接口
  GPIO_InitStructure.GPIO_Pin    = GPIO_Pin_2;                //OPTIC1 引脚
```

```
GPIO_InitStructure.GPIO_Speed = GPIO_Speed_10MHz;          //引脚速率为 10MHz
GPIO_InitStructure.GPIO_Mode  = GPIO_Mode_IPU;             //上拉输入
GPIO_Init(GPIOC, &GPIO_InitStructure);                     //调用库函数初始化

//OPTIC2，J10 接口
GPIO_InitStructure.GPIO_Pin   = GPIO_Pin_3;                //OPTIC2 引脚
GPIO_InitStructure.GPIO_Speed = GPIO_Speed_10MHz;          //引脚速率为 10MHz
GPIO_InitStructure.GPIO_Mode  = GPIO_Mode_IPU;             //上拉输入
GPIO_Init(GPIOC, &GPIO_InitStructure);                     //调用库函数初始化

//OPTIC3，J12 接口
GPIO_InitStructure.GPIO_Pin   = GPIO_Pin_4;                //OPTIC3 引脚
GPIO_InitStructure.GPIO_Speed = GPIO_Speed_10MHz;          //引脚速率为 10MHz
GPIO_InitStructure.GPIO_Mode  = GPIO_Mode_IPU;             //上拉输入
GPIO_Init(GPIOC, &GPIO_InitStructure);                     //调用库函数初始化

//OPTIC4，J17 接口
GPIO_InitStructure.GPIO_Pin   = GPIO_Pin_5;                //OPTIC4 引脚
GPIO_InitStructure.GPIO_Speed = GPIO_Speed_10MHz;          //引脚速率为 10MHz
GPIO_InitStructure.GPIO_Mode  = GPIO_Mode_IPU;             //上拉输入
GPIO_Init(GPIOC, &GPIO_InitStructure);                     //调用库函数初始化

//OPTIC5，J18 接口
GPIO_InitStructure.GPIO_Pin   = GPIO_Pin_2;                //OPTIC5 引脚
GPIO_InitStructure.GPIO_Speed = GPIO_Speed_10MHz;          //引脚速率为 10MHz
GPIO_InitStructure.GPIO_Mode  = GPIO_Mode_IPU;             //上拉输入
GPIO_Init(GPIOD, &GPIO_InitStructure);                     //调用库函数初始化

//OPTIC6，J19 接口
GPIO_InitStructure.GPIO_Pin   = GPIO_Pin_6;                //OPTIC6 引脚
GPIO_InitStructure.GPIO_Speed = GPIO_Speed_10MHz;          //引脚速率为 10MHz
GPIO_InitStructure.GPIO_Mode  = GPIO_Mode_IPU;             //上拉输入
GPIO_Init(GPIOB, &GPIO_InitStructure);                     //调用库函数初始化

//OPTIC7，J31 接口
GPIO_InitStructure.GPIO_Pin   = GPIO_Pin_12;               //OPTIC7 引脚
GPIO_InitStructure.GPIO_Speed = GPIO_Speed_10MHz;          //引脚速率为 10MHz
GPIO_InitStructure.GPIO_Mode  = GPIO_Mode_IPU;             //上拉输入
GPIO_Init(GPIOA, &GPIO_InitStructure);                     //调用库函数初始化
}
```

　　在 OPTIC.c 文件的"API 函数实现"区添加 InitOPTIC 函数的实现代码，如程序清单 5-8 所示。InitOPTIC 函数调用 ConfigOPTICGPIO 函数来配置 OPTIC 驱动的 GPIO，用在 Main.c 文件的 InitSoftware 函数中。

程序清单 5-8

```
void InitOPTIC(void)
{
  ConfigOPTICGPIO();
}
```

　　在 OPTIC.c 文件的"API 函数实现"区添加 GetOPTICValue 函数的实现代码，如程序清

单 5-9 所示，用来获取光耦输入值，若获取失败则返回 2。

程序清单 5-9

```c
u8 GetOPTICValue(u8 port)
{
  u8 retValue = 2;

  switch (port)
  {
  case OPTIC1:
    retValue = GPIO_ReadInputDataBit(GPIOC, GPIO_Pin_2);
    break;
  case OPTIC2:
    retValue = GPIO_ReadInputDataBit(GPIOC, GPIO_Pin_3);
    break;
  case OPTIC3:
    retValue = GPIO_ReadInputDataBit(GPIOC, GPIO_Pin_4);
    break;
  case OPTIC4:
    retValue = GPIO_ReadInputDataBit(GPIOC, GPIO_Pin_5);
    break;
  case OPTIC5:
    retValue = GPIO_ReadInputDataBit(GPIOD, GPIO_Pin_2);
    break;
  case OPTIC6:
    retValue = GPIO_ReadInputDataBit(GPIOB, GPIO_Pin_6);
    break;
  case OPTIC7:
    retValue = GPIO_ReadInputDataBit(GPIOA, GPIO_Pin_12);
    break;
  default:
    retValue = 2;
    break;
  }

  return retValue;
}
```

步骤 5：完善 StepMotor.h 文件

在 StepMotor.h 文件的"包含头文件"区添加包含头文件 OPTIC.h 的代码，如程序清单 5-10 所示。

程序清单 5-10

```c
#include "OPTIC.h"
```

在 StepMotor.h 文件的"枚举结构体定义"区向 StructMotorProc 步进电机控制结构体中添加 optic、valid 和 stepMax 成员变量，如程序清单 5-11 所示。下面依次介绍这三个成员变量的作用。

optic：OPTIC.h 中定义的光耦编号，步进电机编号和光耦编号可以随意搭配。

valid：光耦有效值，即光耦被遮挡时读取到的电平值，当 STM32 微控制器检测到光耦电平值与 valid 值相等时，认为步进电机到位。

stepMax：预设最大步数，当累计步数超过最大步数值但仍未检测到光耦有效值时，强制停止电机，并处理回调函数。因为 stepMax 为无符号 16 位，所以 0xFFFF 表示无最大步数限制。

程序清单 5-11

```
typedef struct
{
  //基本参数
  u8              motor;         //电机编号（只读）
  EnumMotorState  state;         //步进电机当前状态
  EnumMotorOpe    opration;      //电机操作类型
  u16             speed;         //电机速度
  u8              dir;           //方向

  //步进
  u16             step;          //需要走过的步数
  u16             stepCnt;       //步数计数（只读）

  //平滑加速，只有在步数确定的情况下才能使用平滑加速
  EnumNeedSpeed   needSpeed;     //是否使能平滑加速
  u16             speedNum;      //每隔多少步加速一次（只读）
  u16             speedCnt;      //平滑加速计数（只读）
  u32*            freq;          //平滑加速频率列表（只读）

  //回调函数，电机完成任务后执行回调函数，NULL 表示不需要回调
  void            (*callBack)(void);

  //光耦
  u8              optic;         //光耦编号
  u8              valid;         //光耦电平有效值，高或低
  u16             stepMax;       //最大步数
}StructMotorProc;
```

在 StepMotor.h 文件的"API 函数声明"区，添加 DbgMotorHome 函数的声明代码，如程序清单 5-12 所示，用于调试步进电机光耦检测模式。

程序清单 5-12

```
void            DbgMotorHome(u8 motor, u8 optic, u16 speed, u8 dir);        //电机归位调试
```

步骤 6：完善 StepMotor.c 文件

在 StepMotor.c 文件"内部函数实现"区的 PWMCallBack 函数中添加步进电机光耦检测代码，如程序清单 5-13 所示。

程序清单 5-13

```
static void PWMCallBack(u8 motor)
{
  StructMotorProc* stepMotor = NULL;

  stepMotor = GetMotor(motor);
  if (MOTOR_STATE_PROC != stepMotor->state || NULL == stepMotor)
  {
    return;
  }
  stepMotor->stepCnt++;
```

```
    //步进
    if (MOTOR_OPE_STEP == stepMotor->opration)
    {
        //达到指定步数
        if (stepMotor->stepCnt >= stepMotor->step)
        {
            DisableMotor(stepMotor->motor);
            return;
        }

        //平滑加速处理
        if (EN_SPEED == stepMotor->needSpeed)
        {
            if(0 == (stepMotor->stepCnt % stepMotor->speedNum))
            {
                //修改定时器频率
                SetTIMxFreq(stepMotor->motor, stepMotor->freq[stepMotor->speedCnt]);
                stepMotor->speedCnt++;
            }
        }
    }

    //光耦
    if (MOTOR_OPE_OPTIC == stepMotor->opration)
    {
        //检测到光耦有效值
        if (GetOPTICValue(stepMotor->optic) == stepMotor->valid)
        {
            DisableMotor(stepMotor->motor);
            return;
        }

        //超过最大步数还没有检测到光耦（0xFFFF 表示没有限制）
        else if (stepMotor->stepCnt > stepMotor->stepMax)
        {
            DisableMotor(stepMotor->motor);
            return;
        }
    }
}
```

在 StepMotor.c 文件的"API 函数实现"区，添加 DbgMotorHome 函数的实现代码，如程序清单 5-14 所示。DbgMotorHome 函数中光耦默认有效值为 1，可以根据实际需要增加参数数量。在实际使用中，光耦一般用于归位校准。

程序清单 5-14

```
void DbgMotorHome(u8 motor, u8 optic, u16 speed, u8 dir)
{
    u8 motorCode = 0;
    StructMotorProc* stepMotor;

    //将 1-7 转换成对应的电机编码
    motorCode = s_arrMotorCode[motor - 1];

    //获取该电机的结构体指针
```

```
stepMotor = GetMotor(motorCode);
if (NULL == stepMotor)
{
  printf("StepMotor: motor error, please check!\r\n");
  return;
}

stepMotor->opration  = MOTOR_OPE_OPTIC;  //光耦检测
stepMotor->speed     = speed;            //速度
stepMotor->dir       = dir;              //方向
stepMotor->optic     = optic;            //光耦编号
stepMotor->valid     = 1;                //高电平有效
stepMotor->stepMax   = 0xFFFF;           //最大步数
stepMotor->callBack  = NULL;             //不需要回调

EnableMotor(stepMotor->motor);
}
```

步骤 7：光耦驱动应用层实现

在 DbgIVD.c 文件的"内部变量区"区，将电机归位调试任务添加到调试任务列表 s_arrDbgIVDProc[]中，如程序清单 5-15 所示，注意输入参数数量要与实际参数数量一致。

程序清单 5-15

```
//调试任务列表
static StructDbg s_arrDbgProc[] =
{
  {DbgIVDTest      , 0, "DbgIVDTest(void)"                                 }, //DbgIVD 测试
  {DbgMotorStep    , 5, "DbgMotorStep(motor, step, speed, dir, needSpeed)"}, //电机步进调试
  {DbgMotorHome    , 4, "DbgMotorHome(motor, optic, speed, dir)"          }, //电机归位调试
};
```

在 Main.c 文件"包含头文件"区添加包含头文件 OPTIC.h 的代码，如程序清单 5-16 所示。

程序清单 5-16

```
#include "OPTIC.h"
```

在 Main.c 文件"内部函数实现"区的 InitSoftware 函数中添加 OPTIC 驱动初始化程序，如程序清单 5-17 所示。

程序清单 5-17

```
static  void  InitSoftware(void)
{
  DisableOSC32AndJTAG();   //禁用 OSC32 和 JTAG
  InitSystemStatus();      //初始化系统状态，确定 IVD 型号
  InitTask();              //初始化时间片
  InitDbgIVD();            //初始化体外诊断调试组件模块
  InitKeyOne();            //初始化按键模块
  InitProcKeyOne();        //初始化 ProcKeyOne 模块
  InitLED();               //初始化 LED 模块
  InitBeep();              //初始化蜂鸣器
  InitStepMotor();         //初始化步进电机驱动
  InitOPTIC();             //初始化 OPTIC 驱动
}
```

步骤 8：编译及下载验证

代码编写完成并编译成功后，将拨码开关拨至"00"，编号为 IVD1 的橙色发光二极管亮，表示当前体外诊断实验平台为液面检测与移液实验平台。然后，通过 Keil μVision5 软件将程序下载到体外诊断控制板的 STM32 微控制器中。下载完成后，打开串口助手，输入"help"命令，可以看到步进电机归位调试任务已经成功添加到 DbgIVD 调试组件中，如图 5-9 所示。

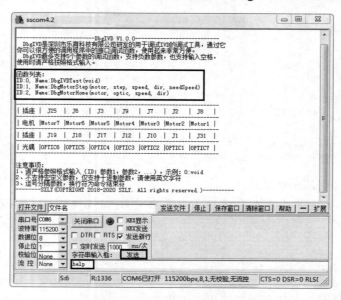

图 5-9　DbgIVD 添加电机归位

发送指令"2:2, 1, 500, 1"，取样臂将做竖直方向归位，如图 5-10 所示；发送指令"2:3, 2, 500, 1"，取样臂将做水平方向归位。注意，为防止取样针被撞歪，竖直归位操作一定要在水平归位操作之前。

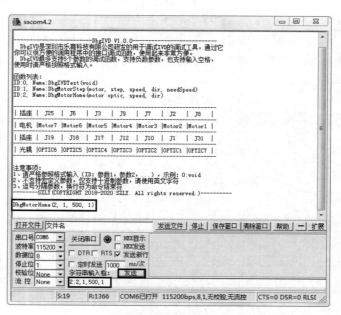

图 5-10　竖直归位调试

拓 展 设 计

表 5-8 中给出了液面检测与移液实验平台的取样针从水平光耦位置到各试管中间的大致步数，利用 DbgIVD 调试组件的 DbgMoterHome 和 DbgMotorStep 调试函数（先通过 DbgMoterHome 函数移动到归位位置，再通过 DbgMotorStep 函数移动到目标位置），测量出取样针从水平光耦到各试管的精确步数并填入下表。注意，在水平移动前一定要先进行竖直归位，以免损坏取样针。

表 5-8　取样针从水平光耦位置到各试管中间的步数

试管编号	1	2	3	4	5	6	7
大致步数	1480	2020	2290	2560	2830	3110	3640
精确步数							

完成之后，设计一个调试函数，实现取样针先竖直归位，再水平归位，最后水平移动到指定编号的试管上方，输入参数包括但不限于需要前往位置下方的试管编号。

思　考　题

1．简述槽型光耦的工作原理。
2．槽型光耦有哪些特点？适用于哪些场景？
3．槽型光耦在遮光和不遮光时的现象有什么不同？
4．在光耦电路中，为什么需要使用一个电平匹配电路？
5．为什么要对取样臂进行归位？
6．光耦如何实现取样臂水平和竖直方向上的位置校准？
7．在取样臂运动过程中，为什么每走一步就要检测一次光耦信号？
8．水平光耦到各试管的步数分别是多少？

第6章 液面检测

液面检测是体外诊断仪器取样和加样过程中必不可少的关键技术。生化分析仪、酶免分析仪、尿液分析仪、血凝分析仪等全自动临床分析仪器大都具有自动移液系统，移液精度是仪器分析精度的决定因素之一，而取样针外表面的液体携带量是影响移液精度的主要原因，因此，需要尽量减少取样针外表面的液体携带量，从而减少污染，提高分析精度。目前最常用方法是采用液面检测功能控制取样针探入液体的深度。

本章将详细介绍液面检测原理、检测方式及硬件电路图，并设计液面检测程序，通过液面检测与移液实验平台（IVD1）的独立按键控制取样针进行液面检测。

6.1 理论基础

6.1.1 液面检测原理

在体外诊断仪器中，由于样品管内液面高度会随样品量的变化而发生变化，液面检测一方面可以探知液体是否耗尽或缺失，避免缺液导致的空吸现象影响生物化学反应的检验结果，另一方面可以防止取样针头深入液面距离过大，最大限度减少取样针挂液现象引起的携带污染。

按照接触方式，检测液面的方法可分为接触式和非接触式两种。接触式是指只有当取样针接触到样品液面时，才能检测到液体的存在，进而探知液面位置，常见的接触式液面检测方法有电阻法、电容法、气压法、机械振动法等；非接触式不需要接触液体即可探知液面位置，包括超声法、激光检测法、成像法等。其中，电容法液面检测由于传感器结构简单、分辨率高，在生物医疗仪器中得到了广泛的应用，下面简单介绍电容法液面检测的原理。

电容法液面检测的原理与取样针的结构紧密相关，如图 6-1 所示为取样针的结构示意图，取样针有两个内径不同的针管，可看作两个极板，中间填充绝缘材料，且外针管接参考地。随着取样针接触液面，针内介质由空气变为空气与液体的混合物，这将引起电容发生变化，将取样针内针管连接到电容调理检测电路，通过检测电容的变化来确定取样针与液面的接触情况，从而实现对液面的检测。

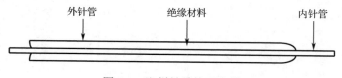

外针管　　　　　绝缘材料　　　　　内针管

图 6-1　取样针结构示意图

液面检测功能是通过液面检测模块来实现的，四款体外诊断实验平台使用的液面检测模块实物图如图 6-2 所示，这是一款基于电容式液面传感器的液面检测控制器，性价比高，安装方便灵活。该模块能够检测小于 1pF 的电容变化，并能将液面检测结果转化成 TTL 数字电平脉冲信号输出和 LED 指示。

该模块的金属屏蔽罩能够有效防止外界磁场电场的干扰，并能为内部芯片提供足够的机械保护，具体性能指标如下：

（1）电压输入为 DC 5V。

（2）一路液位触发信号输出。

（3）稳定使用液体检测精度 5μL。

（4）尺寸为 28mm×17mm×4.5mm（含外壳）。

（5）安装铝合金机壳，超薄机身，坚固耐用。

（6）通信接口为 RS-485。

（7）电源功耗<1W。

液面检测模块的接口说明如图 6-3 所示。

图 6-2　液面检测模块实物图

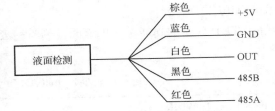

图 6-3　液面检测模块接口说明

6.1.2　微控制器检测

液面检测模块在控制板上的接口与光耦接口相同，接口电路基本一致，如图 6-4 所示。

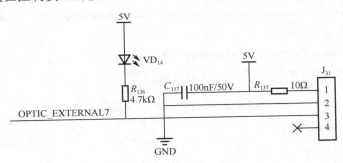

图 6-4　液面检测接口电路图

当 J_{31} 座子的 3 号引脚为低电平时，VD_{14} 点亮；3 号引脚为高电平时 VD_{14} 熄灭。液面检测模块与接口的接线方式如图 6-5 所示。液面检测模块的白色输出引线连接到 J_{31} 座子的 3 号引脚，因此，当针尖刚接触到液面时，液面检测模块的白色输出引线输出一个低电平脉冲，控制板上的 VD_{14} 点亮一次，随后熄灭。

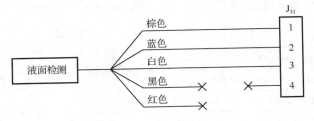

图 6-5　液面检测模块接线图

5.1.4 节中提到的 OPTIC_EXTERNAL7 网络（液面检测模块的输出）也通过 74LVX4245MTCX 芯片进行电平转换，芯片的输出信号 OPTIC_MCU7 连接微控制器的 I/O，用于后续的逻辑处理。因此，当微控制器在连接 OPTIC_MCU7 的 I/O 上检测到低电平脉冲时，表示针尖检测到了液面。

6.1.3　IVD1Driver 模块函数

IVD1Driver 模块为液面检测与移液实验平台的底层驱动，是对各模块函数的综合调用，实现了实验平台的驱动初始化和对某一步骤的控制，如取样臂的竖直归位、水平归位及水平旋转到某一试管上方等，下面简单介绍 IVD1Driver 模块的 API 函数。

1. InitIVD1Driver

InitIVD1Driver 的功能是实现液面检测与移液实验平台的驱动初始化，具体描述如表 6-1 所示。

表 6-1　InitIVD1Driver 函数描述

函数名	InitIVD1Driver
函数原型	void InitIVD1Driver(void)
功能描述	液面检测与移液实验平台的驱动初始化
输入参数	void
输出参数	void
返回值	void

2. IVD1VeritcalHome

IVD1VeritcalHome 的功能是实现取样臂的竖直归位，回到顶部，具体描述如表 6-2 所示。注意，为防止撞针，水平旋转之前一定要确保取样臂已经回到顶部。

表 6-2　IVD1VeritcalHome 函数描述

函数名	IVD1VeritcalHome
函数原型	void IVD1VeritcalHome(void)
功能描述	实现取样臂的竖直归位，回到顶部
输入参数	void
输出参数	void
返回值	void

3. IVD1HonrizonHome

IVD1HonrizonHome 的功能是实现取样臂的水平归位，具体描述如表 6-3 所示。

表 6-3　IVD1HonrizonHome 函数描述

函数名	IVD1HonrizonHome
函数原型	void IVD1HonrizonHome(void)
功能描述	实现取样臂的水平归位
输入参数	void

输出参数	void
返回值	void

4. IVD1GotoTube

IVD1GotoTube 的功能是实现取样臂水平旋转到某一试管上方，具体描述如表 6-4 所示。

表 6-4　IVD1GotoTube 函数描述

函数名	IVD1GotoTube
函数原型	void IVD1GotoTube(EnumIVD1Tube tube)
功能描述	取样臂水平旋转到某一试管上方
输入参数	tube：试管编号
输出参数	void
返回值	void

5. IVD1LiquidTest

IVD1LiquidTest 的功能是实现液面检测功能，具体描述如表 6-5 所示。

表 6-5　IVD1LiquidTest 函数描述

函数名	IVD1LiquidTest
函数原型	void IVD1LiquidTest(void)
功能描述	液面检测
输入参数	void
输出参数	void
返回值	void

6. IVD1GetDriverState

IVD1GetDriverState 的功能是获取驱动状态，并清除标志位，具体描述如表 6-6 所示。

表 6-6　IVD1GetDriverState 函数描述

函数名	IVD1GetDriverState
函数原型	EnumIVD1DriverState IVD1GetDriverState(void)
功能描述	获取驱动状态，并清除标志位
输入参数	void
输出参数	void
返回值	1-空闲；0-忙碌

7. IVD1ClearDriverFlag

IVD1ClearDriverFlag 的功能是清除标志位，具体描述如表 6-7 所示。

表 6-7　IVD1ClearDriverFlag 函数描述

函数名	IVD1ClearDriverFlag
函数原型	void IVD1ClearDriverFlag(void)

功能描述	清除标志位
输入参数	void
输出参数	void
返回值	void

6.1.4　IVD1Device 模块函数

IVD1Device 模块是液面检测与移液实验平台的顶层应用，该模块编写了各项任务，通过与 IVD1Driver 模块的配合，实现对液面检测与移液实验平台的综合控制，下面简要介绍 IVD1Device 模块的 API 函数。

1．InitIVD1

InitIVD1 的功能是初始化液面检测与移液实验平台，即将液面检测与移液实验平台设置为空闲状态 IVD1_STATE_IDLE，具体描述如表 6-8 所示。

表 6-8　InitIVD1 函数描述

函数名	InitIVD1
函数原型	void InitIVD1(void)
功能描述	初始化液面检测与移液实验平台
输入参数	void
输出参数	void
返回值	void

2．IVD1Proc

IVD1Proc 的功能是处理液面检测与移液实验平台任务，可以根据设备状态处理相应的任务及函数，通过 IVD1ClearDriverFlag 函数来清除驱动标志，任务的处理则是通过调用 IVDTaskProc 函数来执行的，具体描述如表 6-9 所示。

表 6-9　IVD1Proc 函数描述

函数名	IVD1Proc
函数原型	void IVD1Proc(void)
功能描述	液面检测与移液实验平台任务处理
输入参数	void
输出参数	void
返回值	void

3．SetIVD1Init

SetIVD1Init 的功能是使能初始化任务，在独立按键 KEY1 中被调用，将液面检测与移液实验平台设置为初始化状态 IVD1_STATE_INIT，具体描述如表 6-10 所示。

表 6-10　SetIVD1Init 函数描述

函数名	SetIVD1Init
函数原型	void SetIVD1Init(void)
功能描述	使能初始化任务，在独立按键 KEY1 中被调用
输入参数	void
输出参数	void
返回值	void

4. SetIVD1Task1

SetIVD1Task1 的功能是使能液面检测任务，在独立按键 KEY2 中被调用，将液面检测与移液实验平台设置为液面检测任务状态 IVD1_STATE_TASK1，具体描述如表 6-11 所示。

表 6-11　SetIVD1Task1 函数描述

函数名	SetIVD1Task1
函数原型	void SetIVD1Task1(void)
功能描述	使能液面检测任务，在独立按键 KEY2 中被调用
输入参数	void
输出参数	void
返回值	void

5. SetIVD1Idle

SetIVD1Idle 的功能是设置液面检测与移液实验平台为空闲，在独立按键 KEY3 中被调用，将液面检测与移液实验平台设置为空闲状态 IVD1_STATE_IDLE，达到终止实验平台继续运行的目的，具体描述如表 6-12 所示。

表 6-12　SetIVD1Idle 函数描述

函数名	SetIVD1Idle
函数原型	void SetIVD1Idle(void)
功能描述	设置液面检测与移液实验平台为空闲，在独立按键 KEY3 中被调用
输入参数	void
输出参数	void
返回值	void

6. IVD1ErrorProc

IVD1ErrorProc 的功能是实现错误处理，提示试管内样品耗尽或样品量过少，具体描述如表 6-13 所示。

表 6-13　IVD1ErrorProc 函数描述

函数名	IVD1ErrorProc
函数原型	void IVD1ErrorProc(void)
功能描述	错误处理，提示试管内样品耗尽或样品量过少

输入参数	void
输出参数	void
返回值	void

6.1.5　体外诊断任务处理

在 IVD1Device.c 文件的"枚举结构体定义"区定义了两种结构体 StructIVD1StepList 和 StructIVD1TaskPro,"内部函数实现"区有一个 IVD 任务处理函数 IVDTaskProc,对液面检测与移液实验平台任务的处理主要是由这几个部分来实现的,下面简要介绍这两个结构体和任务处理函数。

1. 步骤结构体 StructIVD1StepList

液面检测与移液实验平台的控制是分步骤进行的,每一个步骤对应 IVD1Driver 中的一个 API 函数,为方便管理,定义 StructIVD1StepList 结构体来描述单个步骤。StructIVD1StepList 结构体的内容如程序清单 6-1 所示,下面依次介绍其中的成员变量。

task:任务函数。对应 IVD1Driver 中定义的 API 函数,当 IVD1 状态为 IVD1_DRIVER_IDLE 时,IVD1Device 调用此函数,实现对设备的控制。

paraNum:任务函数参数个数。IVD1Driver 中的各 API 函数的参数数量不一,为了增加程序的兼容性,任务函数需要支持可变参数数量。但是在 C 语言中,通过函数指针是无法得知函数参数数量的,所以需要人为指定参数数量。IVD1Device 最多支持 2 个参数,可以根据实际需求增加参数的数量。

para1:任务函数的第 1 个参数。

para2:任务函数的第 2 个参数。

error:出错回调函数。当 IVD1 的状态为 IVD1_DRIVER_FAIL 时,将调用此函数,作为出错处理。若不用,则输入 NULL。

程序清单 6-1

```
//步骤处理
typedef struct
{
  void        *task;              //任务函数, 可变参数
  u8          paraNum;            //任务函数参数个数
  u16         para1;             //任务函数第 1 个参数, 若不用, 则输入 NULL
  u16         para2;             //任务函数第 2 个参数, 若不用, 则输入 NULL
  void        (*error)(void);    //步骤出错回调函数, 若不用, 则输入 NULL
}StructIVD1StepList;
```

2. 任务结构体 StructIVD1TaskProc

StructIVD1TaskProc 结构体用于管理一个任务,内容如程序清单 6-2 所示,下面依次介绍其中的成员变量。

nextTask:下一个任务。当前任务完成后,可根据需要自动切换至下一个任务,实现任务间的串联。

list:步骤列表。StructIVD1StepList 数组首地址,程序通过它访问每一个步骤。

stepCnt:步骤计数。用于累计当前任务走过了多少个步骤。

stepNum：步骤总数。用于判断当前任务是否已完成。

done：任务完成回调函数。可以在回调函数中切换任务，不需要回调时输入 NULL，设备默认执行下一个任务。

程序清单 6-2

```
//任务处理
typedef struct
{
  EnumIVD1Task        nextTask;         //任务完成后下一个任务
  StructIVD1StepList *list;             //步骤列表(只读)
  u16                 stepCnt;          //当前任务步骤计数
  u16                 stepNum;          //当前任务步骤总数（只读）
  void               (*done)(void);     //任务完成回调函数，不需要时输入 NULL
}StructIVD1TaskProc;
```

可以看出，上述两个结构体是配套使用的，下面以初始化任务为例，简要介绍两个结构体的使用，初始化任务内容如程序清单 6-3 所示。

基于步骤结构体 StructIVD1StepList 的步骤列表 s_arrInitStep 定义了初始化任务的各项步骤，每项步骤均调用了 IVD1Driver 中的一个 API 函数，同时，在任务结构体 s_structInitProc 中，将初始化任务的步骤列表 s_arrInitStep[] 与任务结构体的 list 进行匹配。如此一来，就可以通过 s_structInitProc 对初始化任务的各项步骤进行逐一处理，实现液面检测与移液实验平台的初始化。而对于 s_structInitProc 的处理则是在 IVDTaskProc 函数中完成的。

程序清单 6-3

```
//初始化任务
static StructIVD1StepList s_arrInitStep[] =
{
  {IVD1VeritcalHome, 0, NULL       , NULL, NULL}, //针管竖直归位
  {IVD1HonrizonHome, 0, NULL       , NULL, NULL}, //针管水平归位
  {IVD1GotoTube    , 1, IVD1_TUBE1, NULL, NULL}, //去往 1 号试管
};
static StructIVD1TaskProc s_structInitProc =
{
  .nextTask = IVD1_STATE_IDLE,                                    //默认下一个任务为空闲（不处理）
  .list     = s_arrInitStep,                                     //匹配任务步骤列表
  .stepCnt  = 0,                                                 //步骤计数初始化为 0
  .stepNum  = sizeof(s_arrInitStep) / sizeof(StructIVD1StepList), //步骤总数
  .done     = NULL                                               //不需要回调
};
```

3. IVDTaskProc 函数

IVDTaskProc 函数的功能是 IVD 任务处理，输入参数为任一任务的 StructIVD1TaskProc 结构体指针，该函数可以根据驱动状态对 StructIVD1TaskProc 结构体指针中的任务步骤列表进行逐一处理，具体描述如表 6-14 所示。该函数是在 IVD1Device.c 的 API 函数 IVD1Proc 中被调用，而 IVD1Proc 是在 TaskProc 模块的任务列表中的 IVDxProc 函数中进行调用。

表 6-14　IVDTaskProc 函数描述

函数名	IVDTaskProc
函数原型	static void IVDTaskProc(StructIVD1TaskProc *deviceProc)

续表

功能描述	IVD 任务处理
输入参数	proc：设备处理结构体指针
输出参数	void
返回值	void

6.2　设计思路

6.2.1　工程结构

如图 6-6 所示为液面检测实验的工程结构，液面检测实验使用 F103 基准工程的框架，以及步进电机控制中的 StepMotor 模块和光耦检测中的 OPTIC 模块，并根据本章的要求进行了相应的改动。对液面检测的驱动是在 OPTIC 模块里实现的，包括液面检测 GPIO 的配置、初始化和液面检测信号的输入捕获等。此外，液面检测工程还新增了 IVD1Device 模块和 IVD1Driver 模块，这两个模块用于实现对液面检测与移液实验平台的控制。

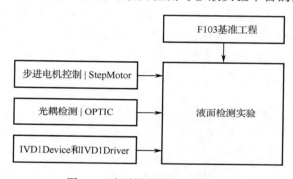

图 6-6　液面检测实验工程结构

6.2.2　液面检测流程

取样针的液面检测流程与光耦检测流程类似，具体如图 6-7 所示。首先配置 IVD1 竖直方向电机，控制取样针竖直向下运动，检测到液面后立即停止。步进电机预设了最大步数值，当取样针竖直向下运动超过最大步数仍未检测到液面时，认为液面检测失败。

6.2.3　初始化任务流程

初始化任务流程如图 6-8 所示。按下 KEY1 按键后，液面检测与移液实验平台（IVD1）的取样臂依次进行竖直、水平归位，然后旋转至 1 号试管上方，为液面检测做准备。为防止取样针撞到试管，归位校准时总是先竖直归位，再水平归位。

6.2.4　任务流程

任务流程如图 6-9 所示。按下 KEY2 按键后，液面检测与移液实验平台（IVD1）首先做液面检测，检测到液面后竖直归位，为下一次检测做准备；若检测失败，则通过串口提示液面检测失败。注意，执行完初始化任务后才能执行任务。

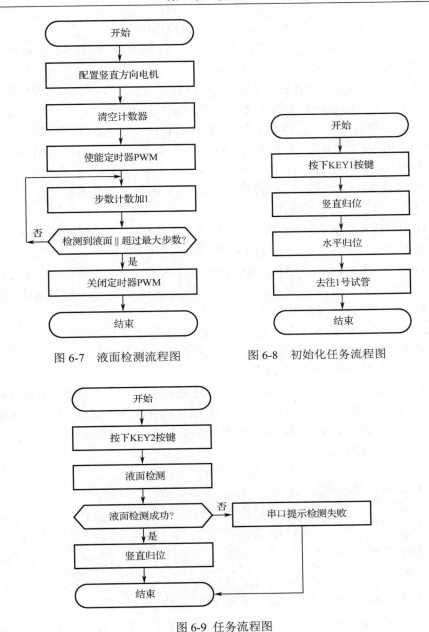

图 6-7　液面检测流程图　　　　　　　　图 6-8　初始化任务流程图

图 6-9　任务流程图

6.3　设计流程

步骤 1：复制并编译原始工程

首先，将 "D:\STM32KeilTest\Material\04.液面检测实验" 文件夹复制到 "D:\STM32KeilTest\Product" 文件夹中。然后，双击运行 "D:\STM32KeilTest\Product\04.液面检测实验\Project" 文件夹中的 STM32KeilPrj.uvprojx，参见 3.3 节步骤 1 验证原始工程，若原始工程是正确的，即可进入下一步操作。

步骤 2：完善 IVD1Driver.h 文件

Material 提供的原工程包括 IVD1Driver 和 IVD1Device 文件对。IVD1Driver 为液面检测

与移液实验平台的底层驱动，IVD1Device 为该平台的顶层应用。

打开 IVD1Driver.h，位于"枚举结构体定义"区的 EnumIVD1DriverState 枚举用来描述 IVD1Driver 的所有状态，下面一一介绍每个状态。

（1）IVD1_DRIVER_DISABLE：驱动不可用，默认状态。本书配套有四个体外诊断实验平台（IVD1~IVD4），Common 模块定义了当前设备属于哪个平台。IVD1Driver 初始化时读取 Common 模块中的设备定义，当设备不为 IVD1 时，IVD1Driver 将状态设为不可用。

（2）IVD1_DRIVER_IDLE：驱动空闲。驱动处于空闲状态时可直接调用驱动的 API 函数控制液面检测与移液实验平台。

（3）IVD1_DRIVER_BUSY：驱动忙碌。表示当前驱动正在处理某一任务，若此时试图调用驱动的 API 函数，驱动将拒绝执行。

（4）IVD1_DRIVER_DONE：驱动已完成任务，等待确认。调用 IVD1GetDriverState 函数获取驱动状态时会自动清除，将状态设为 IVD1_DRIVER_IDLE。

（5）IVD1_DRIVER_FAIL：出错。驱动执行任务时若检测到机器故障，如液面检测中试管液面太低，就会将状态设为出错。调用 IVD1GetDriverState 函数获取驱动状态时会自动清除，将状态设为 IVD1_DRIVER_IDLE。

IVD1Driver.h 中提供了液面检测与移液实验平台的基本参数，如光耦有效值、每支试管距离水平光耦原点的步数等，此外还提供了竖直归位、水平归位、去往 n 号试管等基本 API 函数，因此只需要完成液面检测的部分即可。

如程序清单 6-4 所示，在 IVD1Driver.h 的"宏定义"区，预先设置了取样针从水平光耦位置到 1~7 号试管所需的步数，但由于不同的设备之间存在些许误差，因此，需要将第 5 章的拓展设计中所测出的每支试管距离水平光耦的步数填入 IVD1Driver.h 的"宏定义"区的对应位置，从而优化试管的定位。

程序清单 6-4

```
//取样针从水平光耦到1~7号试管所需的步数
#define IVD1_TUBE1_STEP (u16)(1480) //1 号试管
#define IVD1_TUBE2_STEP (u16)(2020) //2 号试管
#define IVD1_TUBE3_STEP (u16)(2290) //3 号试管
#define IVD1_TUBE4_STEP (u16)(2560) //4 号试管
#define IVD1_TUBE5_STEP (u16)(2830) //5 号试管
#define IVD1_TUBE6_STEP (u16)(3110) //6 号试管
#define IVD1_TUBE7_STEP (u16)(3640) //7 号试管
```

然后，在 IVD1Driver.h 文件的"API 函数声明"区添加 IVD1LiquidTest 的函数声明，如程序清单 6-5 所示，供给 IVD1Device 调用，用于液面检测。

程序清单 6-5

```
void IVD1LiquidTest(void);                    //液面检测
```

步骤 3：完善 IVD1Driver.c 文件

在 IVD1Driver.c 文件的"内部函数声明"区添加 LiquidCallBack 函数的声明代码，如程序清单 6-6 所示，液面检测任务完成后执行此函数，用于判断液面检测是否成功。

程序清单 6-6

```
static void LiquidCallBack(void);             //液面检测回调函数
```

在 IVD1Driver.c 文件的"内部函数实现"区添加 LiquidCallBack 函数的实现代码，如程序清单 6-7 所示。如果竖直方向电机累计步数超过了预设最大值，表示未成功检测到液面，则强制将驱动状态设为 IVD1_DRIVER_FAIL，并打印信息至串口，提示液面检测失败。

程序清单 6-7

```c
static void LiquidCallBack(void)
{
  StructMotorProc* motor = NULL;
  motor = GetMotor(IVD1_VERITCAL_MOTOR);

  //没能成功检测到液面
  if (motor->stepCnt > motor->stepMax)
  {
    s_iDriverState = IVD1_DRIVER_FAIL;
    printf("IVD1Driver: Get water error!!!\r\n");
  }

  //成功检测到液面
  else
  {
    s_iDriverState = IVD1_DRIVER_DONE;
  }
}
```

在 IVD1Driver.c 文件的"API 函数声明"区添加 IVD1LiquidTest 函数的定义，如程序清单 6-8 所示。与其他 API 函数类似，液面检测驱动包含三个主要部分，下面依次解释。

（1）驱动状态确认：通过 IsNIdle 函数查看驱动当前是否处于非空闲状态，若驱动非空闲，则直接返回。

（2）安全检测：取样臂上的取样针是液面检测与移液实验平台的薄弱部位，很容易被撞歪甚至损坏。为保护取样针，每次水平转动之前都要做一次安全检测，以提升设备的使用寿命和稳定性。

（3）电机配置：与前面的控制类似，都是通过 GetMotor 函数获取步进电机的控制结构体指针，配置该结构体的成员变量，最后使能电机即可。

对于 STM32 微控制器而言，液面检测与光耦检测一样，都是根据电平高低判断是否到位，因此将电机模式设为光耦检测即可。

程序清单 6-8

```c
void IVD1LiquidTest(void)
{
  StructMotorProc* motor = NULL;

  if (IsNIdle())
  {
    return;
  }

  //取样针需处于顶部
  if (IVD1_VERITCAL_OPTIC_VALUE != GetOPTICValue(IVD1_VERITCAL_OPTIC))
  {
    s_iDriverState = IVD1_DRIVER_FAIL;
    printf("IVD1Driver: Needle must at the top!\r\n");
```

```
      DisableAllMotor();
      return;
   }
   s_iDriverState = IVD1_DRIVER_BUSY;

   //关闭所有电机
   DisableAllMotor();

   motor = GetMotor(IVD1_VERITCAL_MOTOR);
   motor->state    = MOTOR_STATE_IDLE;          //空闲
   motor->opration = MOTOR_OPE_OPTIC;           //光耦检测
   motor->speed    = IVD1_VERITCAL_SPEED;       //速度
   motor->dir      = IVD1_DOWN;                 //向下
   motor->optic    = IVD1_LIQUID_OPTIC;         //光耦序号
   motor->valid    = IVD1_LIQUID_OPTIC_VALUE;   //光耦有效值
   motor->stepMax  = 4000;                      //最大步数
   motor->callBack = LiquidCallBack;            //回调函数
   EnableMotor(motor->motor);                   //启动电机
}
```

步骤 4：完善 IVD1Device.c 文件

IVD1Device 为液面检测与移液实验平台的顶层应用，它通过调用 IVD1Driver 的 API 函数实现对该平台的控制。在 IVD1Device.c 文件的"内部变量"区的初始化任务后面添加任务 1，用于液面检测，如程序清单 6-9 所示。

程序清单 6-9

```
//任务1
static StructIVD1StepList s_arrTask1Step[] =
{
  {IVD1LiquidTest  , 0, NULL        , NULL, IVD1ErrorProc},     //液面检测
  {IVD1VeritcalHome, 0, NULL        , NULL, NULL         },     //取样针竖直归位
};
static StructIVD1TaskProc s_structTask1Proc =
{
  .nextTask = IVD1_STATE_IDLE,                                  //默认下一个任务为空闲（不处理）
  .list     = s_arrTask1Step,                                   //匹配任务步骤列表
  .stepCnt  = 0,                                                //步骤计数初始化为0
  .stepNum  = sizeof(s_arrTask1Step) / sizeof(StructIVD1StepList), //步骤总数
  .done     = NULL                                             //不需要回调
};
```

在 IVD1Device.c 文件的"API 函数实现"区向 IVD1Proc 函数中添加任务 1，如程序清单 6-10 所示。IVD1Proc 每隔 250ms 被调用一次，所以程序每隔 250ms 调用一次 IVDTaskProc 解析任务 1。

程序清单 6-10

```
void IVD1Proc(void)
{
  switch (s_iDeviceState)
  {
  case IVD1_STATE_IDLE:
    IVD1ClearDriverFlag(); //清除驱动标志位
```

```
  break;
case IVD1_STATE_INIT:
  IVDTaskProc(&s_structInitProc);
  break;
case IVD1_STATE_TASK1:
  IVDTaskProc(&s_structTask1Proc);
  break;
default:
  //Nothing
  break;
  }
}
```

在 IVD1Device.c 文件的"API 函数实现"区，完善 SetIVD1Task1 函数内容，如程序清单 6-11 所示。SetIVD1Task1 函数为 KEY2 响应函数，这样按下 KEY2 按键后，液面检测与移液实验平台将执行任务 1（液面检测）。同时 SetIVD1Task1 函数还做了安全验证，当液面检测与移液实验平台非空闲时禁止切换任务。出现紧急情况时可以按下 KEY3 按键或 RST 复位按键强制终止任务。

程序清单 6-11

```
void SetIVD1Task1(void)
{
  //要先切换到空闲模式才能切换任务，否则会丢步骤
  if(IVD1_STATE_IDLE != s_iDeviceState)
  {
    printf("IVD1Device: Device not at IDLE mode, please stop device first!\r\n");
    return;
  }
  s_structTask1Proc.stepCnt = 0;
  s_iDeviceState = IVD1_STATE_TASK1;
}
```

步骤 5：编译及下载验证

代码编写完成并编译成功后，将拨码开关拨至"00"，编号为 IVD1 的橙色发光二极管亮起，表示当前体外诊断实验平台为液面检测与移液实验平台。然后，通过 Keil µVision5 软件将程序下载到体外诊断控制板的 STM32 微控制器中。下载完成后，通过控制板上的独立按键控制液面检测与移液实验平台。

按下 KEY1 按键执行初始化任务，取样臂竖直、水平归位，然后旋转到 1 号试管正上方。按下 KEY2 按键执行任务 1，取样臂下降检测到液面后再升起，否则下降到一定高度后停止。按下 KEY3 按键强制取消任务，强制液面检测与移液实验平台进入空闲模式。紧急情况下可以按下 RST 复位键，终止液面检测与移液实验平台一切动作。注意，每次下载后都要先按下 KEY1 归位校准，再按下 KEY2 执行任务。

后续章节除非特殊说明，按键功能均为 KEY1——归位校准，KEY2——执行任务，KEY3——取消任务，RST——紧急停止。

拓 展 设 计

将第 5 章的拓展设计中所测出的每支试管距离水平光耦的步数填入 IVD1Driver.h 的宏定

义中，然后，修改初始化任务中 IVD1GotoTube 步骤函数的参数，每次只检测 1 支试管，依次为液面检测与移液实验平台（IVD1）所有试管做液面检测，并将检测失败的试管号通过串口打印出来。

思 考 题

1. 在体外诊断中，液面检测的作用是什么？
2. 接触式和非接触式液面检测各有何优缺点？
3. 简述电容法液面检测的原理。
4. 液面检测模块的工作性能主要取决于哪些指标？
5. 微控制器是如何判断是否接触到液面的？
6. 在液面检测流程中，为什么要设置一个最大步数？

第7章　柱塞泵控制

柱塞泵是体外诊断实验平台里的一个重要装置，样品的吸取与加注都是依靠柱塞泵的往复运动来实现的，柱塞泵本身的精度决定了取样和加样精度。此外，柱塞泵具有额定压力高、结构紧凑、效率高和流量调节方便等优点。

本章将详细介绍柱塞泵的原理、控制方式及硬件电路图，并设计柱塞泵驱动程序，利用液面检测与移液实验平台（IVD1）的按键控制柱塞泵完成取样和加样操作。

7.1　理论基础

7.1.1　柱塞泵结构

本书使用的柱塞泵是一款应用稳定的精密柱塞泵，能实现精确定量吸排液体。该柱塞泵具有极高的吸液排液精度和准确度，在不影响精度和准确度的前提下，使用寿命可达到 500 万个周期以上。如图 7-1 所示，柱塞泵的主要零部件有：电机、支架、丝杆、丝母、滑块、柱塞、O 形圈、腔体、密封圈、挡盖、导向销、导向套、限位锁、光耦、安装板。

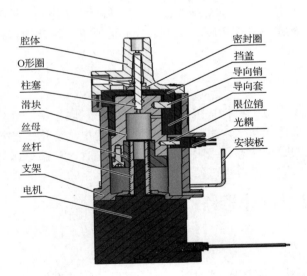

图 7-1　柱塞泵结构示意图

柱塞泵的构造图如图 7-2 所示。

7.1.2　柱塞泵工作原理

柱塞泵的工作原理：（1）步进电机旋转运动带动螺纹状的丝杆旋转，丝杆、丝母通过螺纹间的配合将圆周运动转换为直线运动。（2）丝母与滑块通过螺钉连接，柱塞竖直固定在滑块轴心，丝杆、丝母的圆周运动使柱塞做直线运动；步进电机顺着既定的方向旋转一步，柱塞运动固定的距离，从而实现定量吸排液体；步进电机可以顺时针旋转也可以逆时针旋转，相应地控制柱塞泵吸液或排液。（3）密封圈与 O 形圈在腔体内部紧贴柱塞，形成一个密闭容腔。（4）滑块上的限位销通过遮挡光耦作为柱塞上下吸排的换位信号，从而实现柱塞轴向往复吸排的功能。

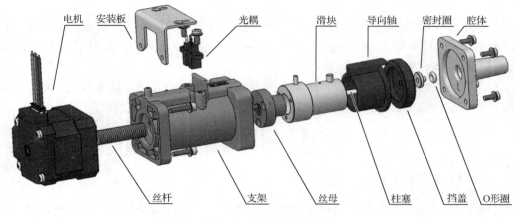

图 7-2　柱塞泵构造图

柱塞泵定量原理：柱塞泵的定量可由公式 $V = \pi D \cdot L$ 得出，其中，D 为柱塞直径，L 为柱塞轴向运动距离。

本书使用的柱塞泵总容量为 1000μL，搭配长寿命、高性能的 1.8° 两相步进电机。柱塞泵在寿命周期内，具有极高的、稳定的定量吸液排液精度。在不细分的情况下，柱塞满行程为 2000 步，分辨率为 0.5μL/Step。

7.1.3　柱塞泵吸液初始位

滑块下端有一个限位销的结构，当步进电机将柱塞推动到腔体顶端时，限位销恰好处于光耦的发光管与受光管之间，使光耦处于遮光状态，引起光耦输出引脚的电平变化。控制板可通过捕获这一电平变化来切换柱塞泵的吸排状态。当限位销使光耦遮光时，柱塞已运动至腔体顶端，表明腔体内液体排空，因此，这一位置也可作为吸液初始位。

7.2　设计思路

7.2.1　工程结构

如图 7-3 所示为柱塞泵实验的工程结构，柱塞泵实验使用 F103 基准工程的框架，以及步进电机控制中的 StepMotor 模块、光耦检测和液面检测中的 OPTIC 模块，并根据本章的要求进行了相应的改动。对柱塞泵的驱动是在 StepMotor 模块里实现的，包括柱塞泵 GPIO 的配置、初始化、取样和加样控制等。此外，柱塞泵控制还使用了 IVD1Device 模块和 IVD1Driver 模块来对液面检测与移液实验平台进行控制。

7.2.2　初始化任务流程

柱塞泵控制初始化任务流程与液面检测初始化任务流程一致，可以参考 6.2.3 节，这里不再赘述。

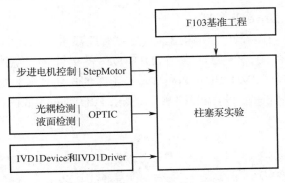

图 7-3　柱塞泵实验工程结构

7.2.3　任务流程

任务流程如图 7-4 所示。按下 KEY2 按键后，液面检测与移液实验平台（IVD1）首先做液面检测，取样针检测到液面后还需伸入水面下一小段距离，方便柱塞泵取样和加样。柱塞泵加样完毕后，取样针竖直归位，为下一次检测做准备。

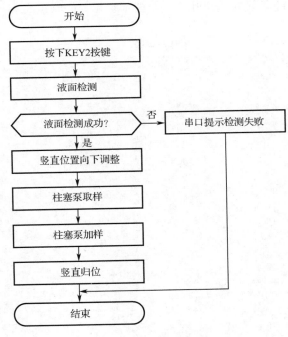

图 7-4　任务流程图

7.3　设计流程

步骤 1：复制并编译原始工程

首先，将 "D:\STM32KeilTest\Material\05.柱塞泵实验" 文件夹复制到 "D:\STM32KeilTest\Product" 文件夹中。然后，双击运行 "D:\STM32KeilTest\Product\05.柱塞泵实验\Project" 文件夹中的 STM32KeilPrj.uvprojx，参见 3.3 节步骤 1 验证原始工程，若原始工程正确，即可进入下一步操作。

步骤 2：完善 IVD1Driver.h 文件

首先，将第 5 章的拓展设计中所测出的每支试管距离水平光耦的步数填入 IVD1Driver.h "宏定义"区的对应位置。然后，在 IVD1Driver.h 文件的"API 函数声明"区添加 IVD1BumpGetWater 函数、IVD1BumpPourWater 函数的声明代码，如程序清单 7-1 所示。IVD1BumpGetWater 函数的作用是控制柱塞泵取样，IVD1BumpPourWater 函数的作用是控制柱塞泵加样。

程序清单 7-1

```
void IVD1BumpGetWater(void);              //柱塞泵取样
void IVD1BumpPourWater(void);             //柱塞泵加样
```

步骤 3：完善 IVD1Driver.c 文件

在 IVD1Driver.c 文件的"API 函数实现"区添加 IVD1BumpGetWater 函数的实现代码，如程序清单 7-2 所示。柱塞泵的控制与步进电机一样，因此可以直接使用步进电机驱动控制柱塞泵。

液面检测与移液实验平台使用的是 1mL 柱塞泵，其步距角是 1.8°，16 细分，相当于柱塞泵每 16 个脉冲转动 1.8°，转过一圈需要 3200 个脉冲。而柱塞泵需要转动 10 圈才能吸/吐 1mL 水，所以需要的脉冲总数为 32000 个。与柱塞泵相关的宏定义和枚举在 IVD1Driver.h 均已给出。

程序清单 7-2

```
void IVD1BumpGetWater(void)
{
  StructMotorProc* motor = NULL;

  if (IsNIdle())
  {
    return;
  }
  s_iDriverState = IVD1_DRIVER_BUSY;

  //关闭所有电机
  DisableAllMotor();

  //取样
  motor = GetMotor(IVD1_PUMP_MOTOR);
  motor->state     = MOTOR_STATE_IDLE;   //空闲
  motor->opration  = MOTOR_OPE_STEP;     //步进
  motor->speed     = IVD1_PUMP_SPEED;    //速度
  motor->dir       = IVD1_GET_WATER ;    //取样
  motor->step      = IVD1_WATER_STEP;    //步数
  motor->needSpeed = NO_SPEED;           //不使用平滑加速
  motor->callBack  = DefaultCallBack;    //回调函数
  EnableMotor(motor->motor);             //启动电机
}
```

在 IVD1Driver.c 文件的"API 函数实现"区添加 IVD1BumpPourWater 函数的实现代码，如程序清单 7-3 所示。IVD1BumpPourWater 函数实现了柱塞泵加样的功能，柱塞泵排空后反馈信号输出高电平，因此可以使用光耦检测的方式控制柱塞泵，确保每次加样都能排空。

程序清单 7-3

```
void IVD1BumpPourWater(void)
{
  StructMotorProc* motor = NULL;

  if (IsNIdle())
  {
    return;
  }
  s_iDriverState = IVD1_DRIVER_BUSY;

  //关闭所有电机
  DisableAllMotor();

  //加样
  motor = GetMotor(IVD1_PUMP_MOTOR);
  motor->state    = MOTOR_STATE_IDLE;        //空闲
  motor->opration = MOTOR_OPE_OPTIC;         //光耦检测
  motor->speed    = IVD1_PUMP_SPEED;         //速度
  motor->dir      = IVD1_POUR_WATER;         //加样
  motor->optic    = IVD1_PUMP_OPTIC;         //光耦序号
  motor->valid    = IVD1_PUMP_OPTIC_VALUE;   //光耦有效值
  motor->stepMax  = 0xFFFF;                  //最大步数
  motor->callBack = DefaultCallBack;         //回调函数
  EnableMotor(motor->motor);                 //启动电机
}
```

步骤 4：完善 IVD1Device.c 文件

在 IVD1Device.c 文件的"内部变量"区，往任务 1 列表 s_arrTask1Step[]中添加柱塞泵取样、加样步骤，如程序清单 7-4 所示。注意，检测到液面后，取样针还需伸入水面下一小段距离，方便柱塞泵取样和加样。

程序清单 7-4

```
//Task1
static StructIVD1StepList s_arrTask1Step[] =
{
  {IVD1LiquidTest   , 0, NULL    , NULL, IVD1ErrorProc}, //液面检测
  {IVD1VeritcalAdjust, 0, NULL   , NULL, NULL          }, //竖直位置调整
  {IVD1BumpGetWater , 0, NULL    , NULL, NULL          }, //取样
  {IVD1BumpPourWater , 0, NULL   , NULL, NULL          }, //加样
  {IVD1VeritcalHome  , 0, NULL   , NULL, NULL          }, //加样后抬起
};
static StructIVD1TaskProc s_structTask1Proc =
{
  .nextTask = IVD1_STATE_IDLE,                                   //默认下一个任务为空闲（不处理）
  .list     = s_arrTask1Step,                                    //匹配任务步骤列表
  .stepCnt  = 0,                                                 //步骤计数初始化为 0
  .stepNum  = sizeof(s_arrTask1Step) / sizeof(StructIVD1StepList), //步骤总数
  .done     = NULL                                              //不需要回调
};
```

步骤 5：编译及下载验证

代码编写完成并编译成功后，将拨码开关拨至"00"，编号为 IVD1 的橙色发光二极管亮起，表示当前体外诊断实验平台为液面检测与移液实验平台。然后，通过 Keil μVision5 软件将程序下载到体外诊断控制板的 STM32 微控制器中，再将.axf 文件下载到 STM32F103 微控制器。下载完成后，通过控制板上的独立按键控制液面检测与移液实验平台。

往 1 号试管内加入适量的水作为实验用的样品，按下 KEY1 按键归位校准，液面检测与移液实验平台的取样臂将旋转至 1 号试管上方，按下 KEY2 按键执行任务 1，即柱塞泵取样和加样。KEY3 按键和 RST 复位按键分别用于取消和紧急终止任务。注意，每次下载后都应先按下 KEY1 按键归位校准，再按下 KEY2 按键执行任务。

拓 展 设 计

实现液面跟随，液面检测与移液实验平台检测到液面后，取样针仅深入液面下 1mm 左右，在取样的同时取样针同步缓慢往下移动，实现取样针随着液面的下降而下降，保持液体与针头仅有约 1mm 深度的接触。同样，柱塞泵在加样时取样针同步缓慢往上移动。

提示：使能柱塞泵的同时开启竖直方向电机就可以实现液面跟随的效果。可以在 IVD1BumpGetWater 函数和 IVD1BumpPourWater 函数中添加使能竖直方向的电机代码，竖直电机模式为自由转动，速度设为 75，在 IVD1Driver.h 中已定义，且不需要回调函数。为了实现柱塞泵取样/加样的同时关闭竖直方向的电机，需要添加 PumpCallBack 回调函数，用作柱塞泵回调函数，在里边调用 DisableMotor 函数关闭竖直方向的电机，注意将 IVD1Driver 的状态设置为 IVD1_DRIVER_DONE。

思 考 题

1. 在体外诊断中，柱塞泵主要应用在什么场景？具有什么作用？

2. 简述柱塞泵抽液/排液的原理。

3. 柱塞泵一次取样/加样的最大步数和最大容量分别是多少？

4. 微控制器是如何控制柱塞泵进行取样/加样的？

5. 如果需要定量吸取 5mL 的样品，柱塞泵需要旋转几圈？微控制器总共需要发出多少个脉冲？

6. 微控制器如何判断柱塞泵的柱塞是否推到了顶部？

7. 如果不进行液面跟随，柱塞泵要想定量吸取 2mL 样品，取样针至少需要在检测到液面后再下降多少步才能完成？比较液面跟随和不跟随情况下取样的不同之处，说明液面跟随有何优点？

第8章　液面检测与移液

液面检测广泛应用于血液分析仪、尿液分析仪、生化分析仪、免疫分析仪等体外诊断仪器的样品加样过程中，能有效防止交叉污染，提高检测的准确度。而高精度柱塞泵的最小加样量达 0.5μL，可实现精确加样，广泛应用于各类体外诊断仪器中。

本章将结合液面检测模块、柱塞泵、步进电机和光耦，设计液面检测与移液综合程序，实现液面检测与移液实验平台（IVD1）不同试管中样品和试剂的取样与加样。

8.1　设计思路

8.1.1　工程结构

如图 8-1 所示为液面检测与移液综合实验的工程结构，该实验使用 F103 基准工程的框架，以及步进电机控制和柱塞泵控制中的 StepMotor 模块、光耦检测和液面检测中的 OPTIC 模块，并根据本章的要求进行了相应的改动。最后，通过使用 IVD1Device 模块和 IVD1Driver 模块来对液面检测与移液实验平台进行综合控制。

8.1.2　初始化任务流程

平台的初始化任务流程具体如图 8-2 所示。按下 KEY1 按键后，平台首先进行归位校准，然后去往 1 号试管将柱塞泵里的液体排空，最后回到初始位置，试管编号可参考图 1-26。

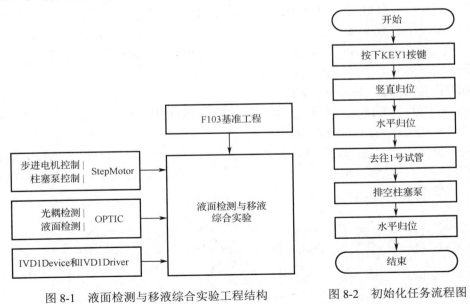

图 8-1　液面检测与移液综合实验工程结构　　图 8-2　初始化任务流程图

8.1.3　液面检测与移液流程

液面检测与移液流程如图 8-3 所示。本实验由两个任务组成，这两个任务分别模拟了体外诊断过程中的两种取样/加样操作。其中，任务 1 模拟的过程是对 1 号试管中的样品进行取样，并将其加样至 7 号试管的试剂中进行反应，此过程中 1 号试管为检测样品，7 号试管为反应试剂。任务 2 模拟的是将 7 号试管的试剂取样至 1 号试管的样品中进行反应的过程，这里将两个任务设置成交替循环进行。在实验过程中，可用清水来代替样品和试剂进行实验。

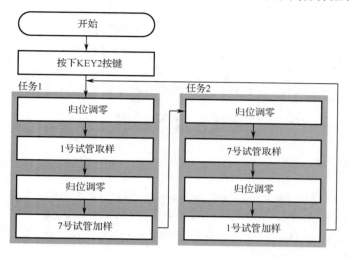

图 8-3　液面检测与移液流程图

8.2　设计流程

步骤 1：复制并编译原始工程

首先，将 "D:\STM32KeilTest\Material\06. 液面检测与移液综合实验" 文件夹复制到 "D:\STM32KeilTest\Product" 文件夹中。然后双击运行 "D:\STM32KeilTest\Product\06. 液面检测与移液综合实验\Project" 文件夹中的 STM32KeilPrj.uvprojx，参见 3.3 节步骤 1 验证原始工程，若原始工程正确，即可进入下一步操作。

步骤 2：完善 IVD1Device.c 文件

Material 中的 IVD1Driver 模块已经提供了液面检测与移液综合实验的全部驱动程序，只需专注完成 IVD1Device 中的顶层调用即可。

首先，将第 5 章的拓展设计中所测出的每支试管距离水平光耦的步数填入 IVD1Driver.h "宏定义" 区的对应位置。然后，在 IVD1Device.c 文件的 "内部变量" 区添加从 1 号试管取样至 7 号试管的任务，如程序清单 8-1 所示。

程序清单 8-1

```
//从 1 号试管取样到 7 号试管
static StructIVD1StepList s_arrTube1ToTube7Step[] =
{
  {IVD1VeritcalHome , 0, NULL        , NULL, NULL        }, //竖直归位
  {IVD1HonrizonHome , 0, NULL        , NULL, NULL        }, //水平归位
  {IVD1GotoTube     , 1, IVD1_TUBE1, NULL, NULL          }, //旋转到 1 号试管上方
  {IVD1LiquidTest   , 0, NULL        , NULL, IVD1ErrorProc}, //向下取样
  {IVD1BumpGetWater , 0, NULL        , NULL, NULL        }, //取样
  {IVD1VeritcalHome , 0, NULL        , NULL, NULL        }, //取样后抬起
  {IVD1HonrizonHome , 0, NULL        , NULL, NULL        }, //水平归位
```

```
  {IVD1GotoTube       , 1, IVD1_TUBE7, NULL, NULL         },  //旋转到 7 号试管上方
  {IVD1LiquidTest     , 0, NULL      , NULL, IVD1ErrorProc},  //向下加样
  {IVD1BumpPourWater  , 0, NULL      , NULL, NULL         },  //加样
  {IVD1VeritcalHome   , 0, NULL      , NULL, NULL         },  //加样后抬起
};
static StructIVD1TaskProc s_structTube1ToTube7Proc =
{
  .nextTask = IVD1_STATE_TASK2,                                                //循环执行
  .list     = s_arrTube1ToTube7Step,                                          //匹配任务步骤列表
  .stepCnt  = 0,                                                              //步骤计数初始化为 0
  .stepNum  = sizeof(s_arrTube1ToTube7Step) / sizeof(StructIVD1StepList),     //步骤总数
  .done     = NULL                                                           //不需要回调
};
```

在 IVD1Device.c 文件的"内部变量"区，添加从 7 号试管取样至 1 号试管的任务，如程序清单 8-2 所示。

程序清单 8-2

```
//从 7 号试管取样到 1 号试管
static StructIVD1StepList s_arrTube7ToTube0Step[] =
{
  {IVD1VeritcalHome   , 0, NULL      , NULL, NULL         },  //竖直归位
  {IVD1HonrizonHome   , 0, NULL      , NULL, NULL         },  //水平归位
  {IVD1GotoTube       , 1, IVD1_TUBE7, NULL, NULL         },  //旋转到 7 号试管上方
  {IVD1LiquidTest     , 0, NULL      , NULL, IVD1ErrorProc},  //向下取样
  {IVD1BumpGetWater   , 0, NULL      , NULL, NULL         },  //取样
  {IVD1VeritcalHome   , 0, NULL      , NULL, NULL         },  //取样后抬起
  {IVD1HonrizonHome   , 0, NULL      , NULL, NULL         },  //水平归位
  {IVD1GotoTube       , 1, IVD1_TUBE1, NULL, NULL         },  //旋转到 1 号试管上方
  {IVD1LiquidTest     , 0, NULL      , NULL, IVD1ErrorProc},  //向下加样
  {IVD1BumpPourWater  , 0, NULL      , NULL, NULL         },  //加样
  {IVD1VeritcalHome   , 0, NULL      , NULL, NULL         },  //加样后抬起
};
static StructIVD1TaskProc s_structTube7ToTube1Proc =
{
  .nextTask = IVD1_STATE_TASK1,                                                //循环执行
  .list     = s_arrTube7ToTube0Step,                                          //匹配任务步骤列表
  .stepCnt  = 0,                                                              //步骤计数初始化为 0
  .stepNum  = sizeof(s_arrTube7ToTube0Step) / sizeof(StructIVD1StepList),     //步骤总数
  .done     = NULL                                                           //不需要回调
};
```

在 IVD1Device.c 文件的"API 函数实现"区完善 IVD1Proc 函数内容，如程序清单 8-3 所示。

程序清单 8-3

```
void IVD1Proc(void)
{
  switch (s_iDeviceState)
  {
  case IVD1_STATE_IDLE:
    IVD1ClearDriverFlag(); //清除驱动标志位
    break;
```

```
case IVD1_STATE_INIT:
  IVDTaskProc(&s_structInitProc);
  break;
case IVD1_STATE_TASK1:
  IVDTaskProc(&s_structTube1ToTube7Proc);
  break;
case IVD1_STATE_TASK2:
  IVDTaskProc(&s_structTube7ToTube1Proc);
  break;
default:
  //Nothing
  break;
}
}
```

在 IVD1Device.c 文件的"API 函数实现"区完善 SetIVD1Task1 函数内容，如程序清单 8-4 所示。当 KEY2 按键按下时，SetIVD1Task1 函数被调用，因此按下 KEY2 按键后从 1 号试管取样到 7 号试管的任务将被执行。

程序清单 8-4

```
void SetIVD1Task1(void)
{
  //要先切换到空闲模式才能切换任务，否则会丢步骤
  if(IVD1_STATE_IDLE != s_iDeviceState)
  {
    printf("IVD1Device: Device not at IDLE mode, please stop device first!\r\n");
    return;
  }
  s_structTube1ToTube7Proc.stepCnt = 0;
  s_iDeviceState = IVD1_STATE_TASK1;
}
```

步骤 3：编译及下载验证

代码编写完成并编译成功后，将拨码开关拨至"00"，编号为 IVD1 的橙色发光二极管亮起，表示当前体外诊断实验平台为液面检测与移液实验平台。然后，通过 Keil μVision5 软件将程序下载到体外诊断控制板的 STM32 微控制器中。下载完成后，通过控制板上的独立按键控制液面检测与移液实验平台。

往 1 号试管和 7 号试管内加入适量的水作为样品和试剂，按下 KEY1 按键归位。按下 KEY2 按键，液面检测与移液实验平台将在 1 号试管和 7 号试管之间进行取样/加样。按下 KEY3 按键或 RST 复位按键可取消或紧急终止任务。

拓 展 任 务

分别从 3 号、4 号、5 号试管中取样至 7 号试管，模拟多种试剂与样品发生反应的过程。由于步进电机精度很高，切换试管时无须每次都回到水平光耦处，尝试修改 IVD1Driver.c 文件"API 函数实现"区的 IVD1GotoTube 函数，实现液面检测与移液实验平台取样臂在试管间的直接切换。

思　考　题

1. 结合液面检测与移液设计，举例说明本章所涉及的内容可以应用在体外诊断的哪些场景中。

2. 从 1 号试管位置水平移动到 2～7 号试管的位置分别需要多少步？

3. 取样臂采用平滑加速和不采用平滑加速在移液过程中有何区别？平滑加速的作用是什么？

4. 在体外诊断中，加样有接触式和非接触式两种，尝试采用非接触式的方法进行加样，简述非接触式加样与接触式加样的区别。两者的优缺点分别是什么？

5. 在取样过程中，如果剩余样品容量过少，应该如何处理？如何避免取样针撞到试管底部？

6. 能否通过液面检测功能实现取样针的液位高度探测？简单描述在代码里应如何实现这个功能。

第9章　微型泵控制

微型泵是传输液体或给液体增压的机械装置，广泛应用于各类体外诊断仪器中，是体外诊断仪器中液路流向、流速控制等的动力来源。本书配套的直线加样与液路清洗实验平台（IVD2）中使用的微型泵有两种，分别是旋转泵和隔膜泵。

本章将详细介绍旋转泵和隔膜泵的原理、控制方式及硬件电路图，并设计微型泵驱动程序，利用直线加样与液路清洗实验平台（IVD2）的独立按键控制微型泵进行工作。

9.1　理论基础

9.1.1　旋转泵

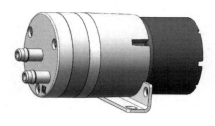

图 9-1　旋转泵

1．规格参数

本书配套平台使用的旋转泵外形如图 9-1 所示。该旋转泵具有结构紧凑、耐腐蚀、体积小、流量大、振动小、噪声低等特点，广泛应用于医疗器械、环保设备、仪表、化学机械、家用电器、实验室仪器和其他高端应用领域，旋转泵参数如表 9-1 所示。

表 9-1　旋转泵参数

名称	微型旋转泵	工作电压	12V
泵属性	容积泵	工作电流	0.12A
流量（液体）	＞0.3L/min	功率	＜3W
最大抽吸压力	−50kPa 以上	工作温湿度	5～50℃，0～90%RH
最大排气压力	120kPa 以上	接口	3.2mm 内径硅胶管

旋转泵的信号线有红、黑和蓝三种，具体功能如表 9-2 所示。

表 9-2　旋转泵信号线功能

红线	接 VCC 电源正极（12V）
黑线	接 GND 电源负极
蓝线	PWM 脉宽调制信号线，用于电机调速（低电平有效）；调速触发频率范围为 15～25kHz

本书中不需要使用蓝线的功能，因此所采用的接线方式是红线接 12V 电源，黑线接 PWM 输出引脚，控制旋转泵。当 PWM 占空比为 1 时，黑线接地，旋转泵全速转动；当 PWM 占空比为 0 时，黑线悬空，旋转泵停止转动。

2．旋转泵构造

旋转泵的构造如图 9-2 所示，除去用于固定的螺钉、支架及安装板，其余结构可分为动力和泵两部分。动力部分由摇柄、传动轴、偏心轮和直流电机（简称电机）组成；泵由顶盖、密封圈、泵活塞、阀体及阀门片组成。

　　传动轴的一端安装在偏心轮略微偏离电机主轴的位置上，与电机主轴形成一定的倾斜角度；另一端与摇柄相连，当电机转动时，固定在电机主轴上的偏心轮会带动传动轴一起运动，同时，倾斜的传动轴会带动与之相连的摇柄进行往复摆动，从而推动三个泵活塞交替往复运动。阀体和阀门片组成的阀为单向阀，液体只能从阀的一侧流向另一侧，液体就是通过单向阀流进旋转泵内部的。

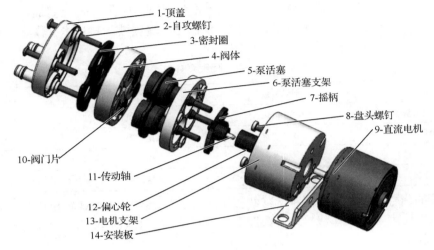

图 9-2　旋转泵构造图

3．工作原理

　　旋转泵的工作原理如图 9-3 所示，顶盖和阀体内部组成环形结构的空间，由密封圈密封形成进气室与出气室。电机工作时主轴转动，偏心轮带动传动轴与摇柄往复摆动，交替推拉三个泵活塞使活塞内容积发生改变，产生正负压腔。当泵活塞受拉时，容积增大，产生负压，阀门片被气体/液体推开，气体/液体由进气室被吸入活塞内；当泵活塞受压时，容积减小，产生正压，同时阀门片被气体/液体顶住，泵活塞外侧的排气套受压张开，气体/液体由泵活塞内排到出气室。如此往复，便完成了气体/液体从进气室进入，从出气室排出的持续泵送过程。

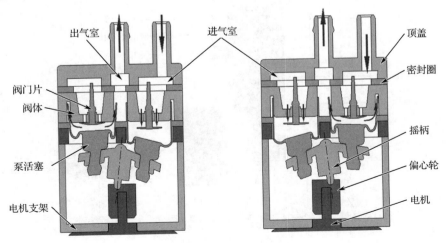

图 9-3　旋转泵工作原理

图 9-4　隔膜泵

9.1.2　隔膜泵

1. 规格参数

本书配套平台使用的微型隔膜泵外形如图 9-4 所示,其主要功能是通过电机带动隔膜往复运动,实现气体和液体的吸排。

隔膜泵安装简易,具有震动小、噪声低、密封性好、耐腐蚀等特点,主要应用于医疗器械、环保设备、仪器仪表、机械化工、家用电器、实验室仪器等高端领域,其具体参数如表 9-3 所示。

表 9-3　隔膜泵参数

名称	微型隔膜泵	额定电压 DC	12V
大气压下过液流量	≥0.30L/min	额定电流	0.5A
输出压力	≥0.2MPa	额定功率	< 7W
抽吸负压（过液）	≤-80kPa	工作温度	0~40℃
适用介质	水、弱酸、弱碱等	接口	4mm 内径软管

隔膜泵的信号线有红、黑两种,红线接 12V 电源,黑线接 PWM 输出引脚控制隔膜泵。当 PWM 占空比为 1 时,黑线接地,隔膜泵全速转动;当 PWM 占空比为 0 时,黑线悬空,隔膜泵停止转动。

2. 隔膜泵构造

隔膜泵的构造如图 9-5 所示,除去支架与螺钉,其余结构也可分为动力和泵两部分。动力部分由直流电机、偏心轮、轴承、摇杆及球面杯士组成;泵由隔膜片、泵体、阀门片、阀体、缓冲片及上盖组成。其中,阀门片共有两个,分别安装在进液口与出液口,两个阀门片均为单向阀,与旋转泵的阀门片工作原理相似,阀门片在负压时被液体推开,正压时被液体顶住,可实现液体的单向流通。

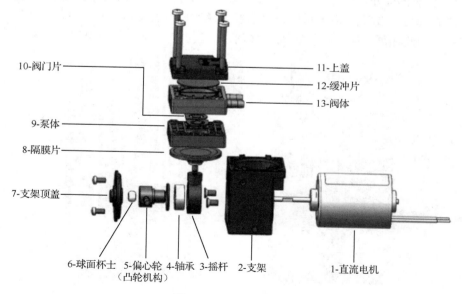

图 9-5　隔膜泵构造图

3．工作原理

隔膜泵的内部液路图如图 9-6 所示，电机工作时，电机主轴带动偏心轮连续转动，与偏心轮相连的摇杆带动隔膜片做类活塞运动，使泵体的腔内形成正负压，通过两个单向阀门片控制液体从进液口到出液口定向流动，加上电机的高速转动，从而实现连续的压力与流量输出；此外，阀门片的密封作用以及缓冲片与阀体建立的缓冲腔在保证液体连续输出的同时，在电机停止时还能够有效阻止液体的反向流动。

结合图 9-6，液体流动方向描述如下：隔膜片向下运动时，液体从进液口进入，通过缓冲腔、入口阀门片及泵体，进入隔膜片与泵体形成的腔体内；隔膜片向上运动时，液体从隔膜片与泵体形成的腔体内先经过出口阀门片，再经缓冲腔，最后从出液口流出。

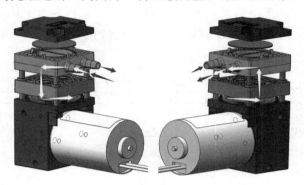

图 9-6　隔膜泵内部液路图（左边进液，右边出液）

9.1.3　微型泵的驱动

1．PWM 简介

脉冲宽度调制（PWM）简称脉宽调制，是利用微处理器的数字输出来控制模拟电路的一种非常有效的技术，广泛应用在测量、通信、功率控制与变换等诸多领域。PWM 信号波形如图 9-7 所示，STM32 微控制器输出的 PWM 信号高电平为 3.3V。

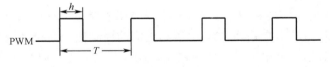

图 9-7　PWM 信号波形

PWM 的占空比定义为正脉冲的持续时间与脉冲周期的比值（h/T），修改 h 或 T 即可调节 PWM 信号的占空比，修改 PWM 的占空比可控制 PWM 信号的平均电压。

2．直流电机的驱动

通过前面对旋转泵和隔膜泵的工作原理的介绍，不难看出控制微型泵的关键在于驱动直流电机的工作。常见的直流电机有两个主要输入端，电流输入的方向决定了电机转动的方向，两端电压决定了电机转速的快慢，电压越大，电机转速越快。

然而在电机控制中，一般很少使用修改电压的方式来控制电机转速，而是使用 PWM 信号控制。通过修改 PWM 信号的占空比可控制其平均电压，从而控制电机两端的电压，达到控制电机转速的目的。

9.1.4　微型泵接口电路原理图

体外诊断控制板有 PUMP1～PUMP4 共 4 个微型泵接口电路，这里以 PUMP1 接口电路为例对电路原理图进行介绍。微型泵接口电路包括电平匹配电路和微型泵接口电路两部分，下面依次对这两个电路进行介绍。

电平匹配电路如图 9-8 所示，与前面介绍的光耦电平转换电路类似，电平匹配电路的作用是将 3.3V（3V3）电平信号转换成 5V 电平信号。其中的 PUMP1_MCU～PUMP4_MCU 分别连接到 STM32 微控制器的 PA7、PA6、PB1 和 PB0 引脚，输出用于调节直流电机速度的 PWM 信号，由于 STM32 微控制器引脚输出的 PWM 电压较小，不足以驱动光电耦合器工作，因此需要通过一个电平匹配电路来加大信号的幅值。74 系列的电平转换芯片只能转换 2 路信号，所以使用两个电平转换电路来将 PUMP1～PUMP4 的 PWM 信号幅值从 3.3V 转换为 5V。

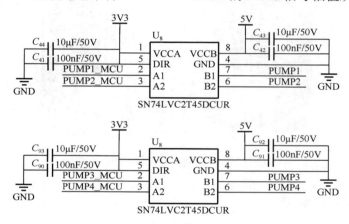

图 9-8　电平匹配电路

图 9-9 为 PUMP1 的微型泵接口电路图，由电平转换电路得到的 PWM 信号连接到光耦 U₁ 的 2 号引脚，光耦对信号实施"电→光→电"的转换与传输，从 3 号引脚输出一个同频率、同幅值的 PWM 信号。因为电机使用的电源为 12V，所以 5V 的 PWM 信号依旧不足以控制电机的转动与停止，因此还需要将该 PWM 信号作为 MOS 管 Q₄ₐ 的栅极输入，以此得到幅值更大的控制信号，之后通过 J₄ 端口将 12V 电源和生成的控制信号连接到微型泵的红线和黑线。当控制信号 PUMP1 恒为低电平时，电机停止转动，恒为高电平时，全速转动，并根据控制信号的占空比来调节电机转动的快慢，从而实现对微型泵转速的控制。

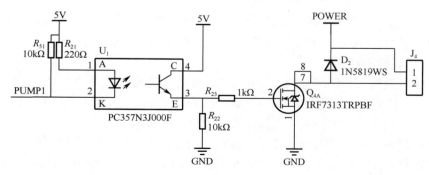

图 9-9　微型泵接口电路

9.1.5 直线加样与液路清洗实验平台

如图 9-10 所示为直线加样与液路清洗实验平台，该平台主要由两支试管、取样针、清洗台、清洗液、柱塞泵、电磁阀、隔膜泵和旋转泵构成，使用时要特别注意避免取样针被撞歪。

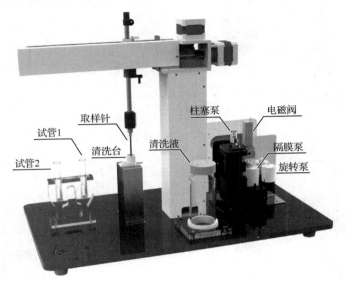

图 9-10 直线加样与液路清洗实验平台示意图

本节及后续章节将详细介绍旋转泵、隔膜泵和电磁阀的工作原理及驱动程序的设计。通过对直线加样与液路清洗实验平台的学习，掌握控制取样针在样品及试剂间的取样、加样，以及利用微型泵和电磁阀实现取样针的清洗，避免样品间的交叉污染。

9.1.6 清洗液路

取样针的清洗分为两个步骤，即清洗外壁和清洗内壁，按照清洗部位的不同可分为两个液路。其中，清洗外壁液路图如图 9-11 所示，取样针完成加样操作后会平移到清洗台上方，接着竖直下降至清洗台内，由旋转泵将清洗瓶内的清洗液抽出，经导管将清洗液从清洗台侧边喷出，用泉涌式冲洗方式冲洗取样针外壁，该方式对压强控制精度要求不高，且清洗效果好；外壁清洗完成后，连接清洗台的隔膜泵启动，将清洗后的废液进行回收，至此完成一次外壁的清洗操作。在体外诊断仪器中，清洗液和废液通常是分开存放的，本书为了方便使用，将废液和清洗液存放在同一容器中。

清洗内壁液路图如图 9-12 所示，完成清洗外壁操作后，取样针将竖直上升至清洗台上方，由旋转泵将清洗瓶内的清洗液抽出，经由柱塞泵的通道连接到取样针管，从针管中喷出清洗液冲洗取样针内壁；内壁清洗完成后，连接清洗台的隔膜泵启动，将清洗后的废液进行回收，至此完成一次内壁清洗操作。

注意，清洗内壁和外壁使用的是同一个旋转泵，之所以能将旋转泵中的液体根据清洗部位的不同传送到不同的液路中，是因为采用电磁阀进行液路的选择，电磁阀将在第 10 章详细介绍。

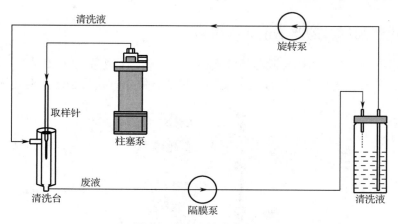

图 9-11　清洗外壁液路图

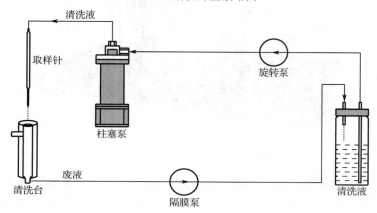

图 9-12　清洗内壁液路图

9.1.7　Pump 模块函数

在本章的工程中，对隔膜泵和旋转泵的控制主要由 Pump 模块的函数来实现，Pump 模块有 2 个 API 函数，下面分别进行介绍。

1．SetPumpDuty

SetPumpDuty 的功能是设置每个通道的占空比，根据输入的通道参数 channel 和占空比参数 duty，调用 TIM_SetCompareX 函数设置对应引脚输出具有相应占空比的 PWM 信号，具体描述如表 9-4 所示。

表 9-4　SetPumpDuty 函数描述

函数名	SetPumpDuty
函数原型	void SetPumpDuty(u8 channel, u8 duty)
功能描述	设置每个通道的占空比
输入参数	channel：通道，在 Pump.h 中定义，有 PUMP1～PUMP4、PUMP_ALL。duty：占空比为 0～100，0-输出低电平，通道关闭；100-输出高电平，通道打开
输出参数	void
返回值	void

2．InitPump

InitPump 的功能是初始化 Pump 驱动，通过调用 SetPumpDuty 函数将所有 Pump 通道的占空比初始化为 0，具体描述如表 9-5 所示。

表 9-5　InitPump 函数描述

函数名	InitPump
函数原型	void InitPump(void)
功能描述	初始化 Pump 驱动
输入参数	void
输出参数	void
返回值	void

9.1.8　IVD2Driver 模块函数

IVD2Driver 模块为直线加样与液路清洗实验平台的底层驱动，是对各模块函数的综合调用，实现实验平台的驱动初始化和对某一步骤的控制，如取样臂的竖直归位、水平归位及微型泵的测试等，下面简单介绍 IVD2Driver 模块的 API 函数。

1．InitIVD2Driver

InitIVD2Driver 的功能是直线加样与液路清洗实验平台的驱动初始化，具体描述如表 9-6 所示。

表 9-6　InitIVD2Driver 函数描述

函数名	InitIVD2Driver
函数原型	void InitIVD2Driver(void)
功能描述	直线加样与液路清洗实验平台的驱动初始化
输入参数	void
输出参数	void
返回值	void

2．IVD2VeritcalHome

IVD2VeritcalHome 的功能是取样臂竖直归位，回到顶部，具体描述如表 9-7 所示。

表 9-7　IVD2VeritcalHome 函数描述

函数名	IVD2VeritcalHome
函数原型	void IVD2VeritcalHome(void)
功能描述	取样臂竖直归位，回到顶部
输入参数	void
输出参数	void
返回值	void

3．IVD2HonrizonHome

IVD2HonrizonHome 的功能是取样臂水平归位，具体描述如表 9-8 所示。

表 9-8　IVD2HonrizonHome 函数描述

函数名	IVD2HonrizonHome
函数原型	void IVD2HonrizonHome(void)
功能描述	取样臂水平归位
输入参数	void
输出参数	void
返回值	void

4．IVD2DCPumpTest

IVD2DCPumpTest 的功能是微型泵测试，具体描述如表 9-9 所示。

表 9-9　IVD2DCPumpTest 函数描述

函数名	IVD2DCPumpTest
函数原型	void IVD2DCPumpTest(void)
功能描述	微型泵测试
输入参数	void
输出参数	void
返回值	void

5．IVD2GetDriverState

IVD2GetDriverState 的功能是获取驱动状态，并清除标志位，具体描述如表 9-10 所示。

表 9-10　IVD2GetDriverState 函数描述

函数名	IVD2GetDriverState
函数原型	EnumIVD2DriverState IVD2GetDriverState(void)
功能描述	获取驱动状态，并清除标志位
输入参数	void
输出参数	void
返回值	1-空闲，0-忙碌

6．IVD2ClearDriverFlag

IVD2ClearDriverFlag 的功能是清除标志位，具体描述如表 9-11 所示。

表 9-11　IVD2ClearDriverFlag 函数描述

函数名	IVD2ClearDriverFlag
函数原型	void IVD2ClearDriverFlag(void)
功能描述	清除标志位
输入参数	void
输出参数	void
返回值	void

9.1.9　IVD2Device 模块函数

IVD2Device 模块是直线加样与液路清洗实验平台的顶层应用，该模块编写了各项任务，通过与 IVD2Driver 模块的配合，实现对直线加样与液路清洗实验平台的综合控制，下面简单介绍 IVD2Device 模块的 API 函数。

1. InitIVD2

InitIVD2 的功能是初始化直线加样与液路清洗实验平台，即将直线加样与液路清洗实验平台设置为空闲状态 IVD2_STATE_IDLE，具体描述如表 9-12 所示。

表 9-12　InitIVD2 函数描述

函数名	InitIVD2
函数原型	void InitIVD2(void)
功能描述	初始化直线加样与液路清洗实验平台
输入参数	void
输出参数	void
返回值	void

2. IVD2Proc

IVD2Proc 的功能是直线加样与液路清洗实验平台处理，可以根据设备状态处理相应的任务及函数，通过 IVD2ClearDriverFlag 函数来清除驱动标志，任务的处理是通过调用 IVDTaskProc 函数来执行的，具体描述如表 9-13 所示。

表 9-13　IVD2Proc 函数描述

函数名	IVD2Proc
函数原型	void IVD2Proc(void)
功能描述	直线加样与液路清洗实验平台处理
输入参数	void
输出参数	void
返回值	void

3. SetIVD2Init

SetIVD2Init 的功能是使能初始化任务，在独立按键 KEY1 中被调用，可将直线加样与液路清洗实验平台设置为初始化状态 IVD2_STATE_INIT，具体描述如表 9-14 所示。

表 9-14　SetIVD2Init 函数描述

函数名	SetIVD2Init
函数原型	void SetIVD2Init(void)
功能描述	使能初始化任务，在独立按键 KEY1 中被调用
输入参数	void
输出参数	void
返回值	void

4．SetIVD2Task1

SetIVD2Task1 的功能是使能微型泵控制任务，在独立按键 KEY2 中被调用，可将直线加样与液路清洗实验平台设置为微型泵控制任务状态 IVD2_STATE_TASK1，具体描述如表 9-15 所示。

表 9-15　SetIVD2Task1 函数描述

函数名	SetIVD2Task1
函数原型	void SetIVD2Task1(void)
功能描述	使能微型泵控制任务，在独立按键 KEY2 中被调用
输入参数	void
输出参数	void
返回值	void

5．SetIVD2Idle

SetIVD2Idle 的功能是设置直线加样与液路清洗实验平台为空闲状态，在独立按键 KEY3 中被调用，可将直线加样与液路清洗实验平台设置为空闲状态 IVD2_STATE_IDLE，达到终止实验平台继续运行的目的，具体描述如表 9-16 所示。

表 9-16　SetIVD2Idle 函数描述

函数名	SetIVD2Idle
函数原型	void SetIVD2Idle(void)
功能描述	设置直线加样与液路清洗实验平台为空闲状态，在独立按键 KEY3 中被调用
输入参数	void
输出参数	void
返回值	void

9.2　设计思路

9.2.1　工程结构

如图 9-13 所示为微型泵实验的工程结构，微型泵实验使用 F103 基准工程的框架，以及控制步进电机的 StepMotor 模块和光耦检测中的 OPTIC 模块，并根据本章的要求进行了相应的改动。对微型泵的驱动是在新增的 Pump 模块里实现的，包括微型泵 GPIO 的配置，初始化和微型泵的启动和停止等。此外，微型泵控制工程还新增了 IVD2Device 模块和 IVD2Driver 模块，这两个模块实现了对直线加样和液路清洗实验平台的控制。

9.2.2　微型泵控制流程

微型泵的控制流程如图 9-14 所示。微型泵的控制流程比较简单，打开微型泵后延时 2.5s 再关闭微型泵即可，可根据液路管道的长短适当调整延时时长。

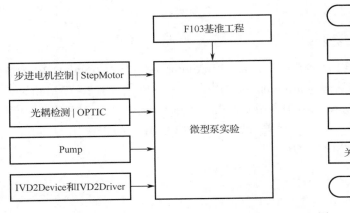

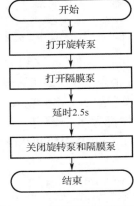

图 9-13　微型泵实验工程结构　　　　　　图 9-14　微型泵控制流程图

9.3　设计流程

步骤 1：复制并编译原始工程

首先，将 "D:\STM32KeilTest\Material\07.微型泵实验" 文件夹复制到 "D:\STM32KeilTest\Product" 文件夹中。然后，双击运行 "D:\STM32KeilTest\Product\07.微型泵实验\Project" 文件夹中的 STM32KeilPrj.uvprojx，参见 3.3 节步骤 1 验证原始工程，若原始工程正确，即可进入下一步操作。

步骤 2：添加 Pump 文件对

首先，将 "D:\STM32KeilTest\Product\07.微型泵实验\App\Pump" 下的 Pump.c 添加到 App 分组，具体操作可参见 3.3 节步骤 8。然后将 "D:\STM32KeilTest\Product\07.微型泵实验\App\Pump" 路径添加到 "Include Paths" 栏，具体操作可参见 3.3 节步骤 11。

步骤 3：完善 Pump.h 文件

首先，在 Pump.c 文件的 "包含头文件" 区，添加代码#include "Pump.h"，然后单击🔲按钮进行编译。编译结束后，在 Project 面板中，双击 Pump.c 下的 Pump.h。在打开的 Pump.h 文件里添加防止重编译处理代码，如程序清单 9-1 所示。

程序清单 9-1

```
#ifndef _PUMP_H_
#define _PUMP_H_


#endif
```

在 Pump.h 文件的 "包含头文件" 区添加包含头文件 DataType.h 的代码，如程序清单 9-2 所示。

程序清单 9-2

```
#include "DataType.h"
```

在 Pump.h 文件的 "宏定义" 区添加泵阀通道宏定义，如程序清单 9-3 所示。此处的编号与 PWM.h 中的 PWM 通道编号类似，因此 Pump 驱动也支持一次性配置多个通道。

程序清单 9-3

```
#define   PUMP1     (u8)0x01 //通道 1
#define   PUMP2     (u8)0x02 //通道 2
```

```
#define   PUMP3     (u8)0x04 //通道 3
#define   PUMP4     (u8)0x08 //通道 4
#define   PUMP_ALL (u8)0x0F //全部通道
```

在 Pump.h 文件的"API 函数声明"区添加 InitPump 函数与 SetPumpDuty 函数的声明代码，如程序清单 9-4 所示。其中，InitPump 函数用于初始化 Pump 驱动，在 Main.c 文件的"内部函数实现"区的 InitSoftware 函数中调用。SetPumpDuty 函数用于配置 Pump 通道的占空比，支持一次性配置多个通道，例如，设置 PUMP1 和 PUMP2 的占空比为 50%，可以写成 SetPumpDuty（PUMP1 | PUMP2，50）。

程序清单 9-4

```
void InitPump(void);                      //初始化 Pump 驱动
void SetPumpDuty(u8 channel, u8 duty); //配置 Pump 通道的占空比
```

步骤 4：完善 Pump.c 文件

在 Pump.c 文件的"包含头文件"区添加包含头文件 stm32f10x_conf.h 的代码，如程序清单 9-5 所示。

程序清单 9-5

```
#include <stm32f10x_conf.h>
```

在 Pump.c 文件的"API 函数实现"区添加 InitPump 函数的实现代码，如程序清单 9-6 所示。InitPump 函数调用 SetPumpDuty 函数关闭所有 Pump 通道。

程序清单 9-6

```
void InitPump(void)
{
  SetPumpDuty(PUMP_ALL, 0);
}
```

在 Pump.c 文件的"API 函数实现"区添加 SetPumpDuty 函数的实现代码，如程序清单 9-7 所示。Pump 通道由 TIM3 输出的 PWM 控制，Material 已经提供了 PWM 底层驱动，只需专注完成 Pump 驱动的编写。

程序清单 9-7

```
void SetPumpDuty(u8 channel, u8 duty)
{
  u16 ccr = 0;

  //计算占空比
  if(duty < 100)
  {
    ccr = TIM3->ARR * duty / 100;
  }
  else
  {
    ccr = TIM3->ARR + 1;
  }

  //Pump1
  if(channel & PUMP1)
  {
    TIM_SetCompare2(TIM3, ccr);
```

```
}

//Pump2
if(channel & PUMP2)
{
  TIM_SetCompare1(TIM3, ccr);
}

//Pump3
if(channel & PUMP3)
{
  TIM_SetCompare4(TIM3, ccr);
}

//Pump4
if(channel & PUMP4)
{
  TIM_SetCompare3(TIM3, ccr);
}
}
```

步骤 5：初始化 Pump 驱动

在 Main.c 文件的"包含头文件"区添加包含头文件 Pump.h 的代码，如程序清单 9-8 所示。

程序清单 9-8

```
#include "Pump.h"
```

在 Main.c 文件的"内部函数实现"区的 InitSoftware 函数中，调用 InitPump 函数初始化 Pump 驱动，如程序清单 9-9 所示。

程序清单 9-9

```
static  void  InitSoftware(void)
{
  DisableOSC32AndJTAG();     //禁用 OSC32 和 JTAG
  InitSystemStatus();        //初始化系统状态，确定 IVD 型号
  InitTask();                //初始化时间片
  InitDbgIVD();              //初始化体外诊断调试组件模块
  InitKeyOne();              //初始化按键模块
  InitProcKeyOne();          //初始化 ProcKeyOne 模块
  InitLED();                 //初始化 LED 模块
  InitBeep();                //初始化蜂鸣器
  InitStepMotor();           //初始化步进电机驱动
  InitOPTIC();               //初始化 OPTIC 驱动
  InitIVD2Driver();          //初始化 IVD2 设备驱动
  InitIVD2();                //初始化 IVD2 设备
  InitPump();                //初始化泵阀驱动
}
```

步骤 6：完善 IVD2Driver.h 文件

在 IVD2Driver.h 文件的"包含头文件"区添加包含头文件 Pump.h 的代码，如程序清单 9-10 所示。

程序清单 9-10

```
#include "Pump.h"
```

在 IVD2Driver.h 文件的"枚举结构体定义"区添加 EnumIVD2Pump 枚举，如程序清单 9-11 所示。EnumIVD2Pump 枚举用于桥接微型泵和 Pump 通道。

程序清单 9-11

```
//泵桥接
typedef enum
{
  IVD2_GET_WATER_PUMP  = PUMP3,  //旋转泵
  IVD2_POUR_WATER_PUMP = PUMP4   //隔膜泵
}EnumIVD2Pump;
```

在 IVD2Driver.h 文件的"API 函数声明"区添加 IVD2DCPumpTest 函数的声明代码，如程序清单 9-12 所示。IVD2DCPumpTest 函数用于微型泵测试。

程序清单 9-12

```
void IVD2DCPumpTest(void);                    //微型泵测试
```

步骤 7：完善 IVD2Driver.c 文件

在 IVD2Driver.c 文件的"内部函数声明"区添加 DCPumpCallBack 函数的声明代码，如程序清单 9-13 所示。DCPumpCallBack 函数作为微型泵回调函数，作用是关闭所有电机。

程序清单 9-13

```
static void DCPumpCallBack(void);             //微型泵回调函数
```

在 IVD2Driver.c 文件的"内部函数实现"区添加 DCPumpCallBack 函数的实现代码，如程序清单 9-14 所示。DCPumpCallBack 函数通过调用 DisableAllMotor 实现关闭所有电机。

程序清单 9-14

```
static void DCPumpCallBack(void)
{
  DisableAllMotor();
  s_iDriverState = IVD2_DRIVER_DONE;
}
```

在 IVD2Driver.c 文件的"内部函数实现"区的 DisableAllMotor 函数中，添加关闭微型泵语句，如程序清单 9-15 所示。调用 DisableAllMotor 函数即可关闭所有步进电机、柱塞泵和微型泵。

程序清单 9-15

```
static void DisableAllMotor(void)
{
  StructMotorProc* motor = NULL;

  motor = GetMotor(IVD2_VERITCAL_MOTOR);
  motor->callBack = NULL;
  DisableMotor(motor->motor);

  motor = GetMotor(IVD2_HONRIZON_MOTOR);
  motor->callBack = NULL;
  DisableMotor(motor->motor);
```

```
motor = GetMotor(IVD2_PUMP_MOTOR);
motor->callBack = NULL;
DisableMotor(motor->motor);

SetPumpDuty(IVD2_GET_WATER_PUMP, 0);
SetPumpDuty(IVD2_POUR_WATER_PUMP, 0);
}
```

在 IVD2Driver.c 文件的 "API 函数实现" 区添加 IVD2DCPumpTest 函数的实现代码，如程序清单 9-16 所示。SetTimerCallBack 函数在 Timer 模块中定义，作用是定时回调，在这里用作延时。2.5s 后，Timer 模块调用 DCPumpCallBack 回调函数关闭所有电机，并标记 IVD2Driver 的状态为 IVD2_DRIVER_DONE。

程序清单 9-16

```
void IVD2DCPumpTest(void)
{
  if (IsNIdle())
  {
    return;
  }
  s_iDriverState = IVD2_DRIVER_BUSY;

  //打开隔膜泵
  SetPumpDuty(IVD2_GET_WATER_PUMP, 50);

  //打开旋转泵
  SetPumpDuty(IVD2_POUR_WATER_PUMP, 50);

  //延时 2.5s
  if(0 == SetTimerCallBack(DCPumpCallBack, 2500))
  {
    s_iDriverState = IVD2_DRIVER_FAIL;
    printf("IVD2Driver: Set timer callback error!\r\n");
    DisableAllMotor();
  }
}
```

步骤 8：完善 IVD2Device.c 文件

在 IVD2Device.c 文件的 "内部变量" 区，将 s_arrTask1Step 中的步骤替换成微型泵测试，如程序清单 9-17 所示。

程序清单 9-17

```
//Task1
static StructIVD2StepList s_arrTask1Step[] =
{
  {IVD2DCPumpTest   , 0, NULL, NULL, NULL}, //微型泵测试
};
static StructIVD2TaskProc s_structTask1Proc =
{
  .nextTask = IVD2_STATE_IDLE,                //默认下一个任务为空闲（不处理）
  .list     = s_arrTask1Step,                 //匹配任务步骤列表
  .stepCnt  = 0,                              //步骤计数初始化为 0
```

```
.stepNum    = sizeof(s_arrTask1Step) / sizeof(StructIVD2StepList), //步骤总数
.done       = NULL                                                 //不需要回调
};
```

步骤 9：编译及下载验证

代码编写完成并编译成功后，将拨码开关拨至"01"，编号为 IVD2 的橙色发光二极管亮起，表示当前体外诊断实验平台为直线加样与液路清洗实验平台。然后，通过 Keil μVision5 软件将程序下载到体外诊断控制板的 STM32 微控制器中。下载完成后，通过控制板上的独立按键控制直线加样与液路清洗实验平台。

按下 KEY1 按键使取样针竖直、水平归位，然后按下 KEY2 按键执行微型泵测试任务。注意，每次下载后都应先按下 KEY1 按键归位校准，再按下 KEY2 按键执行任务。

拓 展 设 计

表 9-17 中给出了直线加样与液路清洗实验平台的取样针从水平光耦到两支试管及清洗台正中间的大致步数，利用 DbgIVD 调试组件的 DbgMoterHome 和 DbgMotorStep 调试函数，测量出取样针从水平光耦到两支试管及清洗台正中间的精确步数并填入表 9-17 中。注意，在水平移动前一定要先进行竖直归位，以免损坏取样针。

表 9-17　取样针从水平光耦到试管及清洗台的步数

目标	1 号试管	2 号试管	清洗台
大致步数	12120	16550	3700
精确步数			

完成之后，设计一个调试函数，实现通过串口控制两个微型泵的转速及运行时间，输入参数包括但不限于微型泵的占空比及延时。注意，为防止清洗台中的液体溢出，隔膜泵的运行时间需大于或等于旋转泵的运行时间。

思 考 题

1．直线加样与液路清洗实验平台在使用时有哪些注意事项？

2．简单描述旋转泵和隔膜泵的工作原理。

3．同样能吸取液体，柱塞泵与本章中使用的微型泵有什么不同？可否使用微型泵进行液体的取样与加样？为什么？

4．旋转泵和隔膜泵有何异同点？

5．微控制器是怎样驱动两种微型泵进行工作的？

6．简述取样针内外壁的清洗流程和液路流动方向。

第10章 电磁阀控制

电磁阀是用电磁控制的工业设备，是控制流体通路的自动化基础元件，在工业控制系统中主要用于调整介质的方向、流量、速度和其他参数。在一些液路通道多而复杂的体外诊断仪器中，电磁阀通常用来控制通道中液体的通断、流向和通道选择。

本章将详细介绍电磁阀的原理、控制方式及硬件电路图，并设计电磁阀驱动程序，利用直线加样与液路清洗实验平台（IVD2）的独立按键控制电磁阀通断。

10.1 理论基础

10.1.1 规格参数

本书配套平台使用的隔膜电磁阀外形如图 10-1 所示，其主要功能是实现液路的通断。

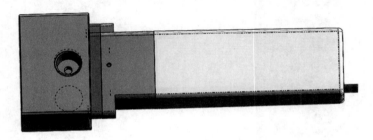

图 10-1 隔膜电磁阀外形

该系列电磁阀可以耐受不同工作状况下的不同试剂，动作寿命可达到 200 万次以上，是一款高性能、低成本、免维护的隔膜电磁阀，具体参数如表 10-1 所示。

表 10-1 隔膜电磁阀参数

名称	隔膜电磁阀
结构特征	两位三通
通径	通径为 1.5mm；沿程阻力小
流量	5mL/s（50kPa、25℃条件下、纯水）
膜片材料	EPDM（三元乙丙橡胶）、ETP（特种氟橡胶）
工作温湿度	5~40℃，30%~80%RH

10.1.2 电磁阀基本原理

如图 10-2 所示为电磁阀断电状态示意图，两位三通电磁阀共有 3 个端口，分别是一个公共端 COM 及两个选择端 NC 和 NO。在断电状态下，磁体没有磁性，在下弹簧力的作用下，与下弹簧相连的上端磁体被弹簧顶起，顶住磁体上方的支架，支架的左右两边分别安装有一个导柱和上弹簧，由于略微凸起的导柱向上顶起的力要比上弹簧的弹簧力大得多，使得靠近导柱一侧的膜片被顶到阀盖 NC 端口的密封圈处进行密封，即 NC 端口常闭，NO 端口常开。

因此，当电磁阀断电后，液体从 COM 端口进入，在腔体内流向 NO 端口，最后从 NO 端口排出。

　　如图 10-3 所示为电磁阀通电状态示意图，在通电状态下，磁体获得电磁力，电磁力的作用使上端磁体被下端磁体吸引，磁体不再顶住上方支架，支架左边的导柱与膜片分开，同时，支架右边的上弹簧弹起顶住靠近这一侧的膜片，使膜片被顶到阀盖 NO 端口的密封圈处进行密封，即 NO 端口常闭，NC 端口常开。因此，当电磁阀通电时，液体从 COM 端口进入，在腔体内流向 NC 端口，最后从 NC 端口排出。

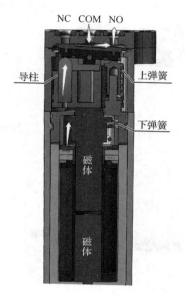

图 10-2　电磁阀断电状态

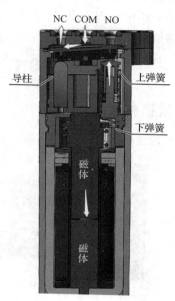

图 10-3　电磁阀通电状态

10.1.3　电磁阀的控制

　　以图 10-4 所示的柱塞泵吸液排液操作为例，柱塞泵从液体 1 吸液，然后将吸出的液体排到液体 2 中。如图 10-5 所示为工作过程中电磁阀与柱塞泵吸液排液配合的时序图，下面结合示例与时序图介绍电磁阀的控制过程。

　　本书配套体外诊断实验平台的电磁阀是通过 PWM 信号进行控制的，因此电磁阀的接口也是 PUMP 接口，微型泵的接口电路原理图可参考 9.1.4 节的图 9-9。图 10-5 中共有两组时序信号，即 STM32 输出的 PWM 信号和柱塞泵的控制脉冲信号。

　　首先，当 PWM 信号输出高电平，即占空比为 100%时，电磁阀两端出现 12V 的电压差，即处于通电状态，此时 NO 端口断开，COM 端口与 NC 端口连通；等待 40ms 延时后，柱塞泵发出吸液脉冲控制柱塞吸液（此时序中，用正向表示柱塞的回退控制）；完成吸液指令后，柱塞泵断电，停止工作；接着经过 40ms 延时后，PWM 信号输出低电平，即占空比为 0，电磁阀两端电压差变为 0V，处于断电状态，此时 NC 端口断开，COM 端口与 NO 端口连通；柱塞泵发出排液脉冲控制柱塞排液（此时序中，用反向表示柱塞伸长控制）；完成排液指令后，柱塞泵断电，停止工作。

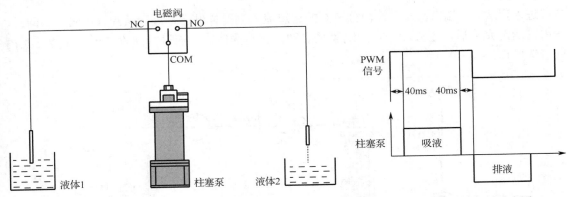

图 10-4　电磁阀应用示例——柱塞泵吸液排液操作　　　　　　　图 10-5　电磁阀控制时序图

注意，在控制电磁阀的时序上，阀的动作与泵的动作之间应有 40ms 的延时，这是为了防止阀门突然关闭使液体的流速突然发生变化，出现"水锤"现象而对液路和泵阀造成损伤，从而提高液路系统的稳定性。

10.1.4　电磁阀的液路选择

在前面的微型泵控制中介绍了旋转泵和隔膜泵在清洗内外壁过程中的液路情况，现在结合电磁阀对液路的控制，完整地梳理清理内外壁的流程。

电磁阀控制下的外壁清洗液路图如图 10-6 所示，取样针完成加样操作后平移到清洗台上方，然后竖直下降至清洗台内，此时通过 PWM 信号输出低电平使电磁阀处于断电状态，NC 端口被断开，NO 端口与 COM 端口连通。40ms 后控制旋转泵将清洗瓶内的清洗液抽出，清洗液从电磁阀的 COM 端口进入，从 NO 端口流出，接着经导管从清洗台侧边喷出，以达到清洗外壁的效果。同时，在外壁清洗完成后，连接清洗台的隔膜泵启动，将清洗后的废液进行回收，至此完成一次外壁的清洗操作。

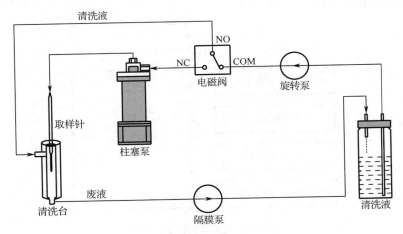

图 10-6　电磁阀控制清洗外壁液路图

电磁阀控制下的内壁清洗液路图如图 10-7 所示，完成清洗外壁操作后，取样针竖直上升至清洗台上方，此时通过 PWM 信号输出高电平使电磁阀处于通电状态，NO 端口断开，COM 端口与 NC 端口连通。40ms 后控制旋转泵将清洗瓶内的清洗液抽出，清洗液从电磁阀的 COM

端口进入，从 NC 端口流出，经由柱塞泵的通道流入到取样针管，最后从针管中喷出。同时，在内壁清洗完成后，连接清洗台的隔膜泵启动，将清洗后的废液进行回收，至此完成一次内壁清洗操作。

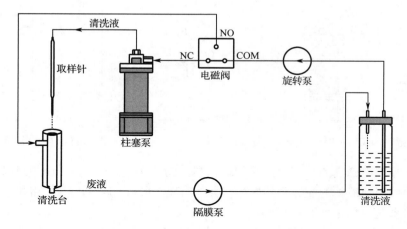

图 10-7　电磁阀控制清洗内壁液路图

10.2　设计思路

10.2.1　电磁阀控制工程结构

如图 10-8 所示为电磁阀实验的工程结构，该实验使用 F103 基准工程的框架，以及控制步进电机的 StepMotor 模块、光耦检测中的 OPTIC 模块和微型泵控制中的 Pump 模块，并根据本章的要求进行了相应的改动。对电磁阀的驱动是在 Pump 模块里实现的，包括电磁阀 GPIO 的配置、初始化和通道的切换等，此外，电磁阀实验同样使用了 IVD2Device 模块和 IVD2Driver 模块对直线加样和液路清洗实验平台进行控制。

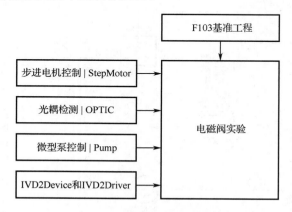

图 10-8　电磁阀实验工程结构

10.2.2　初始化任务流程

初始化任务流程如图 10-9 所示。按下 KEY1 按键后，直线加样与液路清洗实验平台（IVD2）首先做竖直和水平方向的归位校准，然后前往清洗台，为电磁阀控制做准备。

10.2.3　清洗取样针内壁任务流程

清洗取样针内壁任务流程如图 10-10 所示。按下 KEY2 按键后，直线加样与液路清洗实验平台首先关闭电磁阀并等待 40ms，此时液路导向清洗台，启动两个微型泵，即可看到清洗液从清洗台中涌出。然后打开电磁阀，等待 40ms，再次启动两个微型泵，液路将导向取样针，清洗液从取样针中喷出。

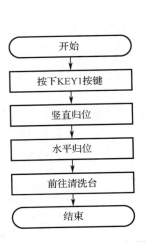

图 10-9　初始化任务流程图

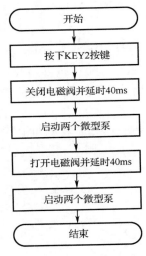

图 10-10　清洗取样针内壁任务流程图

10.3　设计流程

步骤 1：复制并编译原始工程

首先，将"D:\STM32KeilTest\Material\08.电磁阀实验"文件夹复制到"D:\STM32KeilTest\Product"文件夹中。然后，双击运行"D:\STM32KeilTest\Product\08.电磁阀实验\Project"文件夹中的 STM32KeilPrj.uvprojx，参见 3.3 节步骤 1 验证原始工程，若原始工程正确，即可进入下一步操作。

步骤 2：完善 IVD2Driver.h

将第 9 章的拓展设计中测出的两支试管及清洗池距离水平光耦的步数填入 IVD2Driver.h "宏定义"区的对应位置。然后，往 IVD2Driver.h 文件的"枚举结构体定义"区的 EnumIVD2Pump 枚举中新添成员 IVD2_VALVE_PUMP，如程序清单 10-1 所示。因为电磁阀接在 PUMP 接口上，为了统一管理，将电磁阀桥接放在 EnumIVD2Pump 枚举中。

程序清单 10-1

```
//泵桥接
typedef enum
{
  IVD2_VALVE_PUMP       = PUMP1,  //电磁阀
  IVD2_GET_WATER_PUMP   = PUMP3,  //旋转泵，抽清洗液
  IVD2_POUR_WATER_PUMP  = PUMP4   //隔膜泵，排废液
}EnumIVD2Pump;
```

在 IVD2Driver.h 文件的"API 函数声明"区添加 IVD2ValueOn 函数和 IVD2ValueOff 函

数的声明代码，如程序清单 10-2 所示。

程序清单 10-2

```
void IVD2ValueOn(void);                              //打开电磁阀
void IVD2ValueOff(void);                             //关闭电磁阀
```

步骤 3：完善 IVD2Driver.c 文件

在 IVD2Driver.c 文件的"内部函数声明"区添加内部函数 CloseValueCallBack 的声明代码，如程序清单 10-3 所示，用作关闭电磁阀回调函数。

程序清单 10-3

```
static void CloseValueCallBack(void);                //关闭电磁阀回调函数
```

在 IVD2Driver.c 文件的"内部函数实现"区添加内部函数 CloseValueCallBack 的实现代码，如程序清单 10-4 所示。将 Pump 通道的占空比设为 0 即可阻断电磁阀的电流，从而关闭电磁阀。

程序清单 10-4

```
static void CloseValueCallBack(void)
{
  //电磁阀关闭
  SetPumpDuty(IVD2_VALVE_PUMP, 0);

  //标记已完成
  s_iDriverState = IVD2_DRIVER_DONE;
}
```

在 IVD2Driver.c 文件的"API 函数实现"区添加 IVD2ValueOn 函数的实现代码，如程序清单 10-5 所示，IVD2ValueOn 函数的作用是打开电磁阀。电磁阀通电后需要至少 40ms 的延时，40ms 后再使能微型泵或柱塞泵能有效防止"水锤"现象发生，提高液路系统的稳定性。

程序清单 10-5

```
void IVD2ValueOn(void)
{
  if (IsNIdle())
  {
    return;
  }
  s_iDriverState = IVD2_DRIVER_BUSY;

  //关闭所有电机
  DisableAllMotor();

  //电磁阀保持常开
  SetPumpDuty(IVD2_VALVE_PUMP, 100);

  //延时 40ms
  if(0 == SetTimerCallBack(DefaultCallBack, 40))
  {
    s_iDriverState = IVD2_DRIVER_FAIL;
    printf("IVD2Driver: Set timer callback error!\r\n");
    DisableAllMotor();
  }
}
```

在 IVD2Driver.c 文件的"API 函数实现"区添加 IVD2ValueOff 函数的实现代码，如程序清单 10-6 所示，关闭电磁阀之前需要至少 40ms 延时。

程序清单 10-6

```
void IVD2ValueOff(void)
{
  if (IsNIdle())
  {
    return;
  }
  s_iDriverState = IVD2_DRIVER_BUSY;

  //关闭所有电机
  DisableAllMotor();

  //延时 40ms 后关闭
  if(0 == SetTimerCallBack(CloseValueCallBack, 40))
  {
    s_iDriverState = IVD2_DRIVER_FAIL;
    printf("IVD2Driver: Set timer callback error!\r\n");
    DisableAllMotor();
  }
}
```

步骤 4：完善 IVD2Device.c 文件

在 IVD2Device.c 文件的"内部变量"区，往 s_arrTask1Step[]列表中添加电磁阀控制步骤，如程序清单 10-7 所示。

程序清单 10-7

```
//Task1
static StructIVD2StepList s_arrTask1Step[] =
{
  {IVD2ValueOff      , 0, NULL           , NULL, NULL}, //关闭电磁阀
  {IVD2DCPumpOn      , 0, NULL           , NULL, NULL}, //打开微型泵
  {IVD2ValueOn       , 0, NULL           , NULL, NULL}, //打开电磁阀
  {IVD2DCPumpOn      , 0, NULL           , NULL, NULL}, //打开微型泵
};
static StructIVD2TaskProc s_structTask1Proc =
{
  .nextTask = IVD2_STATE_IDLE,                                    //默认下一个任务为空闲（不处理）
  .list     = s_arrTask1Step,                                     //匹配任务步骤列表
  .stepCnt  = 0,                                                  //步骤计数初始化为 0
  .stepNum  = sizeof(s_arrTask1Step) / sizeof(StructIVD2StepList), //步骤总数
  .done     = NULL                                               //不需要回调
};
```

步骤 5：编译及下载验证

代码编写完成并编译成功后，将拨码开关拨至"01"，编号为 IVD2 的橙色发光二极管亮起，表示当前体外诊断实验平台为直线加样与液路清洗实验平台。然后，通过 Keil μVision5 软件将程序下载到体外诊断控制板的 STM32 微控制器中。下载完成后，通过控制板上的独立按键控制直线加样与液路清洗实验平台。

按下 KEY1 按键，取样针竖直、水平归位后移动到清洗台。按下 KEY2 按键，执行清洗取样针内壁任务。若微型泵第一次工作时液路导向清洗台，微型泵第二次工作时液路导向取样针，则表示设计成功。注意，每次下载后都应先按下 KEY1 按键归位校准，再按下 KEY2 按键执行任务。

拓 展 设 计

清洗台的作用是清洗取样针，包括取样针内壁和外壁，在前面的任务中已经实现了清洗内壁的功能，即清洗液导向取样针并从取样针喷出。现在来实现清洗取样针外壁的功能。

在清洗取样针外壁之前，需将取样针竖直伸入清洗台中，为此要在 IVD2Driver 模块中添加 API 函数 IVD2CleanDown。竖直方向电机模式为步进，下降 3500 步，下降完毕后调用回调函数 DefaultCallBack 将 IVD2Driver 状态设为 IVD2_DRIVER_DONE 即可。

在 IVD2Device.c 文件的 s_arrTask1Step[] 列表中添加取样针伸入清洗台步骤，位于关闭电磁阀步骤前。打开微型泵后就实现了清洗取样针外壁。

清洗完取样针后，还需抬起取样针，为下一次测试做准备。

思 考 题

1. 在体外诊断仪器中，电磁阀通常应用在什么地方？起到了什么作用？
2. 电磁阀有哪些种类，分别具有什么特点？
3. 简述电磁阀的工作原理。
4. STM32 输出的 PWM 信号是如何控制电磁阀通道变换的？
5. 电磁阀在变换通道的过程中，柱塞泵的控制需要注意什么？
6. 简述电磁阀控制下取样针内外壁的清洗流程和液路流动方向。

第11章 直线加样与液路清洗

液路模块由柱塞泵、隔膜泵、旋转泵及电磁阀等组成，是绝大多数体外诊断仪器的重要组成部分，主要用于样品、试剂的取样/加样、液路和取样针清洗等。

本章将结合液面检测模块、柱塞泵、隔膜泵、旋转泵、电磁阀、步进电机和光耦，设计直线加样与液路清洗综合程序，实现直线加样与液路清洗实验平台（IVD2）试管间的取样、加样，以及取样针的自动清洗功能。

11.1 设计思路

11.1.1 工程结构

如图11-1所示为直线加样与液路清洗综合实验的工程结构，直线加样与液路清洗综合实验使用F103基准工程的框架，以及步进电机控制和柱塞泵控制中的StepMotor模块、光耦检测和液面检测中的OPTIC模块、微型泵控制和电磁阀控制中的Pump模块，这些模块根据本章的要求进行了相应的改动。此外，本实验使用IVD2Device模块和IVD2Driver模块来对直线加样与液路清洗实验平台进行控制。

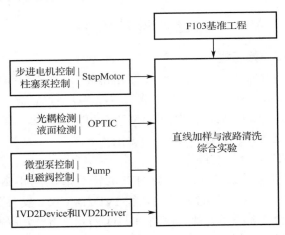

图11-1 直线加样与液路清洗综合实验工程结构

11.1.2 初始化任务流程

初始化任务流程如图11-2所示。按下KEY1按键后，直线加样与液路清洗实验平台的取样臂进行竖直方向和水平方向的归位校准。

11.1.3 直线加样与液路清洗流程

直线加样与液路清洗流程如图11-3所示。按下KEY2按键后，直线加样与液路清洗实验平台的取样臂首先进行竖直归位校准，以避免损坏取样针，然后取样针前往2号试管位置，并深入液面做取样和加样测试。取样和加样完成后，取样针前往清洗台进行清洗，首先取样针深入清洗台内进行外壁清洗，然后取样针抬起进行内壁清洗。

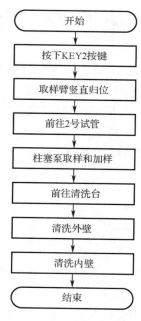

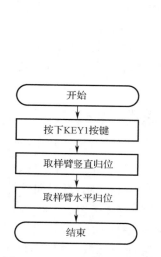

图 11-2　初始化任务流程图　　　　图 11-3　直线加样与液路清洗流程图

11.2　设计流程

步骤 1：复制并编译原始工程

首先，将"D:\STM32KeilTest\Material\09.直线加样与液路清洗综合实验"文件夹复制到"D:\STM32KeilTest\Product"文件夹中。然后双击运行"D:\STM32KeilTest\Product\09.直线加样与液路清洗综合实验\Project"文件夹中的 STM32KeilPrj.uvprojx，参见 3.3 节步骤 1 验证原始工程，若原始工程是正确，即可进入下一步操作。

步骤 2：完善 IVD2Device.c 文件

首先，将第 9 章的拓展设计中测出的两支试管及清洗池距离水平光耦的步数填入 IVD2Driver.h "宏定义"区的对应位置。然后，往 IVD2Device.c 文件的"内部变量"区添加直线加样与液路清洗综合实验任务，如程序清单 11-1 所示。直线加样与液路清洗实验平台归位后，首先在 2 号试管进行取样和加样，取样和加样完毕后前往清洗台清洗取样针。

程序清单 11-1

```
//Task1
static StructIVD2StepList s_arrTask1Step[] =
{
  //归位
  {IVD2VeritcalHome    , 0, NULL              , NULL, NULL}, //竖直归位
  {IVD2HonrizonHome    , 0, NULL              , NULL, NULL}, //水平归位

  //去往 2 号试管吸加样
  {IVD2GotoPosition    , 1, IVD2_GOTO_TUBE2   , NULL, NULL}, //前往试管 2
  {IVD2LiquidTest      , 0, NULL              , NULL, NULL}, //液面检测
  {IVD2BumpGetWater    , 0, NULL              , NULL, NULL}, //柱塞泵取样
```

```
{IVD2BumpPourWater  , 0, NULL              , NULL, NULL}, //柱塞泵加样
{IVD2VeritcalHome   , 0, NULL              , NULL, NULL}, //竖直归位


//清洗取样针
{IVD2GotoPosition   , 1, IVD2_GOTO_WASH    , NULL, NULL}, //前往清洗位置
{IVD2ValueOff       , 0, NULL              , NULL, NULL}, //关闭电磁阀
{IVD2CleanOutwall   , 0, NULL              , NULL, NULL}, //清洗外壁
{IVD2VeritcalHome   , 0, NULL              , NULL, NULL}, //竖直归位
{IVD2ValueOn        , 0, NULL              , NULL, NULL}, //打开电磁阀
{IVD2CleanInwall    , 0, NULL              , NULL, NULL}, //清洗内壁
{IVD2ValueOff       , 0, NULL              , NULL, NULL}, //关闭电磁阀
{IVD2VeritcalHome   , 0, NULL              , NULL, NULL}, //竖直归位
};
static StructIVD2TaskProc s_structTask1Proc =
{
  .nextTask = IVD2_STATE_IDLE,                             //默认下一个任务为空闲（不处理）
  .list     = s_arrTask1Step,                              //匹配任务步骤列表
  .stepCnt  = 0,                                           //步骤计数初始化为 0
  .stepNum  = sizeof(s_arrTask1Step) / sizeof(StructIVD2StepList), //步骤总数
  .done     = NULL                                         //不需要回调
};
```

在 IVD2Device.c 文件的"API 函数实现"区完善 IVD2Proc 函数内容，如程序清单 11-2 所示。

程序清单 11-2

```
void IVD2Proc(void)
{
  switch (s_iDeviceState)
  {
  case IVD2_STATE_IDLE:
    IVD2ClearDriverFlag(); //清除驱动标志位
    break;
  case IVD2_STATE_INIT:
    IVDTaskProc(&s_structInitProc);
    break;
  case IVD2_STATE_TASK1:
    IVDTaskProc(&s_structTask1Proc);
    break;
  default:
    //Nothing
    break;
  }
}
```

在 IVD2Device.c 文件的"API 函数实现"区完善 SetIVD2Task1 函数内容，如程序清单 11-3 所示。KEY2 按键按下时，SetIVD2Task1 函数被调用。

程序清单 11-3

```
void SetIVD2Task1(void)
{
  //要先切换到空闲模式才能切换任务，否则会丢步骤
  if(IVD2_STATE_IDLE != s_iDeviceState)
```

```
{
    printf("IVD2Device: Device not at IDLE mode, please stop device first!\r\n");
    return;
}

s_structTask1Proc.stepCnt = 0;
s_iDeviceState = IVD2_STATE_TASK1;
}
```

步骤 3：编译及下载验证

代码编写完成并编译成功后，将拨码开关拨至"01"，编号为 IVD2 的橙色发光二极管亮起，表示当前体外诊断实验平台为直线加样与液路清洗实验平台，然后，通过 Keil μVision5 软件将程序下载到体外诊断控制板的 STM32 微控制器中。下载完成后，通过控制板上的独立按键控制直线加样与液路清洗实验平台。

往 2 号试管内加入适量的水，按下 KEY1 按键归位。按下 KEY2 按键，直线加样与液路清洗实验平台执行综合实验任务。

拓 展 设 计

在直线加样与液路清洗设计的基础上添加试管间的移液，模拟样品与试剂间的取样与加样过程。首先在 1 号试管与 2 号试管内加入适量的水替代体外诊断过程中使用的试剂和样品，接着将 2 号试管的水加样至 1 号试管，模拟将样品加样至试剂中进行反应的过程，加样完毕后清洗一次试管。然后将 1 号试管的水加样至 2 号试管，模拟将试剂加样至样品中进行反应的过程，加样完毕后再清洗一次试管，最后回到初始位置。

思 考 题

1．结合本章的内容，举例说明直线加样与液路清洗所涉及的内容在体外诊断中有哪些应用与作用。

2．取样针从复位位置水平移动到达清洗台及 1 号、2 号试管分别需要多少步？

3．在体外诊断的液路清洗系统中，通常需要用到多种液体和水对取样针内外壁进行清洗，以减少样品残留对下次取样的污染，联系前面所学到的内容，尝试说明系统是怎样实现多种液体之间的切换的。

4．是否有其他方法可以实现取样针的内外壁清洗？结合相关资料进行简单描述。

5．除了取样针，体外诊断仪器中还有哪些重要部件需要经常进行清洗？请举例说明。

第12章 夹爪控制

夹爪是体外诊断仪器夹持组件的核心部件，也是样品传动模块的重要组成部件之一，在全自动移液移杯实验平台（IVD3）中用于夹取试管，实现试管在不同平台间的传动。

本章将详细介绍夹爪的原理、控制方式及硬件电路图，并设计夹爪控制驱动程序，在全自动移液移杯实验平台（IVD3）上实现夹爪夹取试管。

12.1 理论基础

12.1.1 夹爪规格参数

全自动移液移杯实验平台使用的是智能电动夹爪，主要功能是实现试管的夹取，该夹爪既可以通过 RS-485 总线控制，也可以通过单个引脚简易灵活地控制；此外，还可以检测是否夹持到物体并反馈信号，具体参数如表 12-1 所示。

表 12-1 智能电动夹爪参数

名称	智能电动夹爪
工作电压	DC 12V
夹持行程	10mm
最大夹持力	35N
开闭速度	5～15mm/s

智能电动夹爪共有 3 个端口，分别是电源电机通信端口、控制端口及电机端口，如图 12-1 所示。

图 12-1　夹爪端口

下面介绍电源电机通信端口和控制端口各引脚的定义，图 12-2 中标出了电源电机通信端口和控制端口的头尾引脚的编号，具体引脚定义则如表 12-2 和表 12-3 所示。

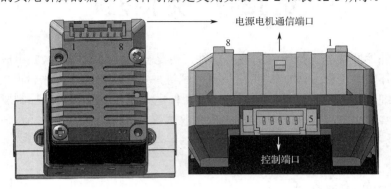

图 12-2　端口引脚位置图

表 12-2　电源电机通信端口引脚定义表

编　号	名　称	定　义	编　号	名　称	定　义
1	12V	电源正极输入（红粗线）	5	B+	电机 B+接口
2	GND	电源地（黑粗线）	6	B−	电机 B−接口
3	A+	电机 A+接口	7	485A	RS-485 通信总线 A（黑细线）
4	A−	电机 A−接口	8	485B	RS-485 通信总线 B（红细线）

表 12-3　控制端口引脚定义表

引 脚 编 号	引 脚 名 称	定　义
1	NC	保留
2	GND	数字地（蓝）
3	DOUT	信号输出（白）
4	NC	保留
5	ENIN	使能输入（棕）

注意，电源电机通信端口的 3～6 号引脚虽然是电机引脚，但并非连接到微控制器的电机端口，而是连接到夹爪的电机端口，电机的控制是通过控制端口的 ENIN 引脚及 DOUT 引脚配合来完成的。

12.1.2　夹爪控制电路原理图

如图 12-3 所示为微控制器控制夹爪的硬件电路原理图，主要由两部分构成，即 STM32 微控制电路和夹爪接口电路。STM32 微控制电路中用于夹爪控制的引脚有 2 个，PB15 的 CLAW_ENABLE_MCU 和 PC6 的 CLAW_CHECK_MCU，其中，CLAW_ENABLE_MCU 用于控制夹爪的 ENIN 引脚；CLAW_CHECK_MCU 通过一个电平匹配电路后连接到 CLAW_CHECK，用于检测夹爪的 DOUT 引脚。

夹爪接口电路通过 J_{24} 连接到智能电动夹爪，J_{24} 是一个 8P 的座子，有 8 个引脚。其中 3 号引脚连接控制端口的 DOUT 引脚，4 号引脚连接控制端口的 ENIN 引脚。注意，

CLAW_ENABLE_MCU 不是直接连接到 ENIN 引脚进行控制的，而是通过一个 SS8050 三极管 Q_8 来间接控制，当 CLAW_ENABLE_MCU 为高电平时，Q_8 导通，4 号引脚接地，此时 ENIN 引脚为低电平；反之，CLAW_ENABLE_MCU 为低电平时，Q_8 断开，4 号引脚接 5V 电源，ENIN 引脚为高电平。不难看出，CLAW_ENABLE_MCU 与 ENIN 引脚的电平高低刚好相反。

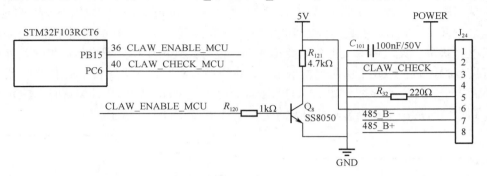

图 12-3　夹爪控制电路原理图

12.1.3　夹爪控制时序

夹爪的控制主要包括三个动作，分别是上电回零、夹爪松开和夹爪夹取。下面依次对三种夹爪操作过程中的信号 CLAW_ENABLE_MCU（以下简称 CEM）、ENIN 和 DOUT 的时序变化进行介绍。

1．夹爪上电回零

夹爪刚上电时，需要在延时 2s 后自动执行一次松开回零点的操作，此时需要将 ENIN 引脚电平拉高。回零过程中的时序变化如图 12-4 所示，首先，微控制器控制 CEM 引脚输出低电平，使 ENIN 引脚电平拉高，同时接收到 DOUT 信号；夹爪上电时 DOUT 引脚为低电平，在松开回零的过程中为高电平，回零完毕时为低电平。

2．夹爪松开

夹爪松开过程中的时序变化如图 12-5 所示，首先，微控制器控制 CEM 输出低电平，使 ENIN 引脚电平拉高，当 ENIN 为高电平时，夹爪便会执行松开的操作。夹爪松开前，DOUT 引脚为低电平，在松开过程中为高电平，在完全松开后为低电平，在完全松开之前，ENIN 引脚必须保持高电平状态。

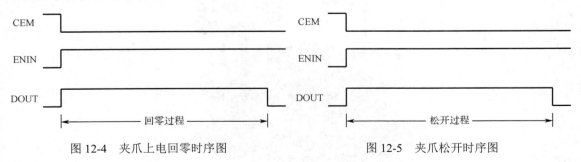

图 12-4　夹爪上电回零时序图　　　　　　图 12-5　夹爪松开时序图

3．夹爪夹取

夹爪夹取物体的过程有两种情况，分别是夹取成功和夹取失败，这两种情况的时序有一定的不同，下面分别介绍。夹爪夹取成功的时序图如图 12-6 所示，首先，微控制器控制 CEM

引脚输出高电平，使 ENIN 引脚电平拉低，当 ENIN 引脚为低电平时，夹爪会执行夹紧的操作，直到夹到物品后电机停止，并保持力矩，在此过程中，ENIN 引脚必须保持低电平状态。DOUT 引脚的变化如下：夹爪在夹紧过程中，DOUT 引脚为低电平，夹到物体后 DOUT 引脚为高电平。

夹爪夹取失败的时序如图 12-7 所示，首先，微控制器控制 CEM 引脚输出高电平，使 ENIN 引脚电平拉低，当 ENIN 引脚为低电平时，夹爪执行夹紧的操作，在夹紧过程中，ENIN 引脚保持低电平状态。夹取失败又可分为两种情况：没有夹到物体和夹到物体后物体意外掉落。在没有夹到物体时，DOUT 引脚保持低电平，夹爪持续夹紧，在夹到极限后 DOUT 引脚会发出一个高电平脉冲，时序变化如 DOUT1 所示。在夹到物体后物体意外掉落时，DOUT 引脚会从夹到物体时的高电平马上转成低电平，时序变化如 DOUT2 所示。

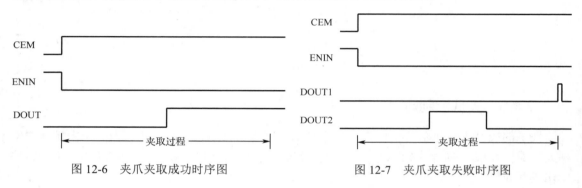

图 12-6 夹爪夹取成功时序图　　　　　　图 12-7 夹爪夹取失败时序图

12.1.4　全自动移液移杯实验平台

如图 12-8 所示为全自动移液移杯实验平台实物图，主要部件有取样臂、反应盘、夹爪、样品盘和矩阵样品台等。夹爪具有三自由度构型的运动模块，这里定义平行于控制板的方向为 X 轴方向，垂直于控制板的方向为 Y 轴方向，竖直方向为 Z 轴方向，夹爪臂配有分别沿 X 轴、Y 轴和 Z 轴方向移动的三个步进电机，使夹爪可以沿夹爪臂进行左右、前后和上下的移动。

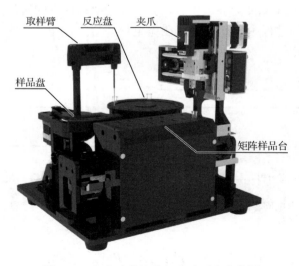

图 12-8 全自动移液移杯实验平台实物图

图 1-30 是全自动移液移杯实验平台的俯视示意图，归位校准后，取样针的位于样品盘 5 号试管上方，夹爪的夹取中心位于矩阵样品台的(1,2)号试管上方，这里也是夹爪定位的原点。只有当取样臂和夹爪都完成归位校准后，夹爪才可以沿 X 轴方向移动，这样做是为了避免夹爪与取样臂相撞。矩阵样品台上一共可以放 20 支试管，每支试管的位置均有编号，夹爪可以通过两个电机的配合移动到矩阵样品台和反应盘相应的位置对试管进行夹取。反应盘同样也由一个步进电机控制其进行转动，反应盘上方靠近矩阵样品台处为夹爪夹取放置位置，右侧靠近取样臂的试管位置为取样加样位置，取样臂可以旋转到该位置进行液体的取样和加样操作。

12.1.5 Claw 模块函数

本章的工程中，对于夹爪的控制主要由 Claw 模块的函数来实现，Claw 模块共有 1 个内部函数和 4 个 API 函数，下面一一进行介绍。

1. 内部函数

ConfigClawGPIO 函数的功能是配置夹爪的 GPIO，需要配置 PB15 和 PC9 两个引脚，分别是夹爪的 ENIN 引脚和 RS-485 接收发送引脚，其中，PB15 配置完成后需要将电平拉低使夹爪回零，PC9 则始终将电平拉高，默认 RS-485 只发送，具体描述如表 12-4 所示。

表 12-4 ConfigClawGPIO 函数描述

函数名	ConfigClawGPIO
函数原型	static void ConfigClawGPIO(void)
功能描述	配置夹爪的 GPIO
输入参数	void
输出参数	void
返回值	void

2. API 函数

（1）InitClaw

InitClaw 的功能是初始化夹爪驱动，配置夹爪的 GPIO，通过 ConfigClawGPIO 函数配置夹爪的 GPIO，待夹爪回零后，调用 ClawExpand 函数使夹爪张开，具体描述如表 12-5 所示。

表 12-5 InitClaw 函数描述

函数名	InitClaw
函数原型	void InitClaw(void)
功能描述	初始化夹爪驱动，配置夹爪的 GPIO
输入参数	void
输出参数	void
返回值	void

（2）ClawClamp

ClawClamp 的功能是使夹爪夹紧,通过调用 GPIO_WriteBit 函数,将 PB15 引脚电平拉高,具体描述如表 12-6 所示。

表 12-6　ClawClamp 函数描述

函数名	ClawClamp
函数原型	void ClawClamp(void)
功能描述	夹爪夹紧
输入参数	void
输出参数	void
返回值	void

（3）ClawExpand

ClawExpand 的功能是使夹爪张开，通过调用 GPIO_WriteBit 函数，将 PB15 引脚电平拉低，具体描述如表 12-7 所示。

表 12-7　ClawExpand 函数描述

函数名	ClawExpand
函数原型	void ClawExpand(void)
功能描述	夹爪张开
输入参数	void
输出参数	void
返回值	void

（4）GetClawState

GetClawState 的功能是返回夹爪的状态，通过调用 GPIO_ReadInputDataBit 函数读取 PC9 的电平值，该函数通常在夹爪夹紧指令发出的 2s 后才被调用，用于读取夹爪的夹取状态，若夹取成功则为高电平，具体描述如表 12-8 所示。

表 12-8　GetClawState 函数描述

函数名	GetClawState
函数原型	u8 GetClawState(void)
功能描述	返回夹爪状态
输入参数	void
输出参数	void
返回值	void

12.1.6　IVD3Driver 模块函数

IVD3Driver 模块为全自动移液移杯实验平台的底层驱动，是对各模块函数的综合调用，可实现实验平台的驱动初始化和对某一步骤的控制，如取样臂的竖直归位、水平归位，夹爪前往某一位置等，下面简单介绍 IVD3Driver 模块的 API 函数。

1. InitIVD3Driver

InitIVD3Driver 的功能是初始化全自动移液移杯实验平台驱动，具体描述如表 12-9 所示。

表 12-9　InitIVD3Driver 函数描述

函数名	InitIVD3Driver
函数原型	void InitIVD3Driver(void)
功能描述	初始化全自动移液移杯实验平台驱动
输入参数	void
输出参数	void
返回值	void

2．IVD3LiquidVeritcalHome

IVD3LiquidVeritcalHome 的功能是取样臂竖直归位，回到顶部，具体描述如表 12-10 所示。

表 12-10　IVD3LiquidVeritcalHome 函数描述

函数名	IVD3LiquidVeritcalHome
函数原型	void IVD3LiquidVeritcalHome(void)
功能描述	取样臂竖直归位，回到顶部
输入参数	void
输出参数	void
返回值	void

3．IVD3LiquidHonrizonHome

IVD3LiquidHonrizonHome 的功能是取样臂水平归位，具体描述如表 12-11 所示。

表 12-11　IVD3LiquidHonrizonHome 函数描述

函数名	IVD3LiquidHonrizonHome
函数原型	void IVD3LiquidHonrizonHome(void)
功能描述	取样臂水平归位
输入参数	void
输出参数	void
返回值	void

4．IVD3LiquidAdjust

IVD3LiquidAdjust 的功能是取样臂水平调整，具体描述如表 12-12 所示。

表 12-12　IVD3LiquidAdjust 函数描述

函数名	IVD3LiquidAdjust
函数原型	void IVD3LiquidAdjust(void)
功能描述	取样臂水平调整
输入参数	void
输出参数	void
返回值	void

5．IVD3LiquidGotoTube

IVD3LiquidGotoTube 的功能是取样臂旋转至某一试管上方，具体描述如表 12-13 所示。

表 12-13　　IVD3LiquidGotoTube 函数描述

函数名	IVD3LiquidGotoTube
函数原型	void IVD3LiquidGotoTube(EnumIVD3LiquidTube tube)
功能描述	取样臂旋转至某一试管上方
输入参数	tube：试管编号
输出参数	void
返回值	void

6. IVD3LiquidDown

IVD3LiquidDown 的功能是取样臂向下取样，具体描述如表 12-14 所示。

表 12-14　　IVD3LiquidDown 函数描述

函数名	IVD3LiquidDown
函数原型	void IVD3LiquidDown(void)
功能描述	取样臂向下取样
输入参数	void
输出参数	void
返回值	void

7. IVD3ClawXHome

IVD3ClawXHome 的功能是夹爪沿 X 轴（与控制板平行）方向回到光耦处，具体描述如表 12-15 所示。

表 12-15　　IVD3ClawXHome 函数描述

函数名	IVD3ClawXHome
函数原型	void IVD3ClawXHome(void)
功能描述	夹爪沿 X 轴方向回到光耦处
输入参数	void
输出参数	void
返回值	void

8. IVD3ClawXAdjust

IVD3ClawXAdjust 的功能是夹爪沿 X 轴方向归位，具体描述如表 12-16 所示。

表 12-16　　IVD3ClawXAdjust 函数描述

函数名	IVD3ClawXAdjust
函数原型	void IVD3ClawXAdjust(void)
功能描述	夹爪沿 X 轴方向归位
输入参数	void
输出参数	void
返回值	void

9. IVD3ClawYHome

IVD3ClawYHome 的功能是夹爪沿 Y 轴（与控制板垂直）方向归位，具体描述如表 12-17 所示。

表 12-17　IVD3ClawYHome 函数描述

函数名	IVD3ClawYHome
函数原型	void IVD3ClawYHome(void)
功能描述	夹爪沿 Y 轴方向归位
输入参数	void
输出参数	void
返回值	void

10. IVD3ClawZPreHome

IVD3ClawZPreHome 的功能是使夹爪沿 Z 轴（竖直）方向的定位片从光耦位置移开，为夹爪沿 Z 轴方向归位做准备，具体描述如表 12-18 所示。

表 12-18　IVD3ClawZPreHome 函数描述

函数名	IVD3ClawZPreHome
函数原型	void IVD3ClawZPreHome(void)
功能描述	夹爪沿 Z 轴方向的定位片从光耦位置，为夹爪 Z 方向归位做准备
输入参数	void
输出参数	void
返回值	void

11. IVD3ClawZHome

IVD3ClawZHome 的功能是夹爪沿 Z 轴（竖直）方向归位，具体描述如表 12-19 所示。

表 12-19　IVD3ClawZHome 函数描述

函数名	IVD3ClawZHome
函数原型	void IVD3ClawZHome(void)
功能描述	夹爪沿 Z 轴方向归位
输入参数	void
输出参数	void
返回值	void

12. IVD3DiskPreHome

IVD3DiskPreHome 的功能是使反应盘的定位片从光耦位置移开，为反应盘归位做准备，具体描述如表 12-20 所示。

表 12-20　IVD3DiskPreHome 函数描述

函数名	IVD3DiskPreHome
函数原型	void IVD3DiskPreHome(void)

功能描述	反应盘的定位片从光耦位置移开,为反应盘归位做准备
输入参数	void
输出参数	void
返回值	void

13. IVD3DiskHome

IVD3DiskHome 的功能是反应盘归位,具体描述如表 12-21 所示。

表 12-21　IVD3DiskHome 函数描述

函数名	IVD3DiskHome
函数原型	void IVD3DiskHome(void)
功能描述	反应盘归位
输入参数	void
输出参数	void
返回值	void

14. IVD3DiskAdjust

IVD3DiskAdjust 的功能是反应盘位置调整,具体描述如表 12-22 所示。

表 12-22　IVD3DiskAdjust 函数描述

函数名	IVD3DiskAdjust
函数原型	void IVD3DiskAdjust(void)
功能描述	反应盘位置调整
输入参数	rank:列数;dir:方向(左右)
输出参数	void
返回值	void

15. IVD3DiskSpin

IVD3DiskSpin 的功能是反应盘旋转一次,具体描述如表 12-23 所示。

表 12-23　IVD3DiskSpin 函数描述

函数名	IVD3DiskSpin
函数原型	void IVD3DiskSpin(void)
功能描述	反应盘旋转一次
输入参数	void
输出参数	void
返回值	void

16. IVD3ClawGotoRank

IVD3ClawGotoRank 的功能是夹爪去往某一列,具体描述如表 12-24 所示。

表 12-24　IVD3ClawGotoRank 函数描述

函数名	IVD3ClawGotoRank
函数原型	void IVD3ClawGotoRank(EnumIVD3Rank rank)
功能描述	夹爪去往某一列
输入参数	rank：列数
输出参数	void
返回值	void

17. IVD3ClawGotoRow

IVD3ClawGotoRow 的功能是夹爪去往某一行，具体描述如表 12-25 所示。

表 12-25　IVD3ClawGotoRow 函数描述

函数名	IVD3ClawGotoRow
函数原型	void IVD3ClawGotoRow(EnumIVD3Row row)
功能描述	夹爪去往某一行
输入参数	row：行号
输出参数	void
返回值	void

18. IVD3ClawDown

IVD3ClawDown 的功能是夹爪向下移动，具体描述如表 12-26 所示。

表 12-26　IVD3ClawDown 函数描述

函数名	IVD3ClawDown
函数原型	void IVD3ClawDown(void)
功能描述	夹爪向下移动
输入参数	void
输出参数	void
返回值	void

19. IVD3ClawClamp

IVD3ClawClamp 的功能是夹爪夹持，具体描述如表 12-27 所示。

表 12-27　IVD3ClawClamp 函数描述

函数名	IVD3ClawClamp
函数原型	void IVD3ClawClamp(void)
功能描述	夹爪夹持
输入参数	void
输出参数	void
返回值	void

20．IVD3ClawExpand

IVD3ClawExpand 的功能是夹爪张开，具体描述如表 12-28 所示。

表 12-28　IVD3ClawExpand 函数描述

函数名	IVD3ClawExpand
函数原型	void IVD3ClawExpand(void)
功能描述	夹爪张开
输入参数	void
输出参数	void
返回值	void

21．IVD3GetDriverState

IVD3GetDriverState 的功能是获取驱动状态，并清除标志位，具体描述如表 12-29 所示。

表 12-29　IVD3GetDriverState 函数描述

函数名	IVD3GetDriverState
函数原型	EnumIVD3DriverState IVD3GetDriverState(void)
功能描述	获取驱动状态，并清除标志位
输入参数	void
输出参数	void
返回值	void

22．IVD3ClearDriverFlag

IVD3ClearDriverFlag 的功能是清除标志位，具体描述如表 12-30 所示。

表 12-30　IVD3ClearDriverFlag 函数描述

函数名	IVD3ClearDriverFlag
函数原型	void IVD3ClearDriverFlag(void)
功能描述	清除标志位
输入参数	void
输出参数	void
返回值	void

12.1.7　IVD3Device 模块函数

IVD3Device 模块是全自动移液移杯实验平台的顶层应用，该模块编写了各项任务，通过与 IVD3Driver 模块的配合，实现对全自动移液移杯实验平台的综合控制，下面简单介绍 IVD3Device 模块的 API 函数。

1．InitIVD3

InitIVD3 的功能是初始化全自动移液移杯实验平台，即将全自动移液移杯实验平台设置为空闲状态 IVD3_STATE_IDLE，具体描述如表 12-31 所示。

表 12-31　InitIVD3 函数描述

函数名	InitIVD3
函数原型	void InitIVD3(void)
功能描述	初始化全自动移液移杯实验平台
输入参数	void
输出参数	void
返回值	void

2. IVD3Proc

IVD3Proc 的功能是全自动移液移杯实验平台处理，可以根据平台状态处理相应的任务及函数，通过 IVD3ClearDriverFlag 函数清除驱动标志，任务的处理是通过调用 IVDTaskProc 来执行的，具体描述如表 12-32 所示。

表 12-32　IVD3Proc 函数描述

函数名	IVD3Proc
函数原型	void IVD3Proc(void)
功能描述	全自动移液移杯实验平台处理
输入参数	void
输出参数	void
返回值	void

3. SetIVD3Init

SetIVD3Init 的功能是使能初始化任务，在独立按键 KEY1 中被调用，可将全自动移液移杯实验平台设置为初始化状态 IVD3_STATE_INIT，具体描述如表 12-33 所示。

表 12-33　SetIVD3Init 函数描述

函数名	SetIVD3Init
函数原型	void SetIVD3Init(void)
功能描述	使能初始化任务，在独立按键 KEY1 中被调用
输入参数	void
输出参数	void
返回值	void

4. SetIVD3Task1

SetIVD3Task1 的功能是使能夹爪任务，在独立按键 KEY2 中被调用，可将全自动移液移杯实验平台设置为夹爪任务状态 IVD3_STATE_TASK1，具体描述如表 12-34 所示。

表 12-34　SetIVD3Task1 函数描述

函数名	SetIVD3Task1
函数原型	void SetIVD3Task1(void)
功能描述	使能夹爪任务，在独立按键 KEY2 中被调用
输入参数	void

输出参数	void
返回值	void

5. SetIVD3Idle

SetIVD3Idle 的功能是设置全自动移液移杯实验平台为空闲状态，在独立按键 KEY3 中被调用，可将全自动移液移杯实验平台设置为空闲状态 IVD3_STATE_IDLE，达到终止实验平台继续运行的目的，具体描述如表 12-35 所示。

表 12-35　SetIVD3Idle 函数描述

函数名	SetIVD3Idle
函数原型	void SetIVD3Idle(void)
功能描述	设置全自动移液移杯实验平台为空闲状态，在独立按键 KEY3 中被调用
输入参数	void
输出参数	void
返回值	void

6. IVD3ErrorProc

IVD3ErrorProc 的功能是出错处理，具体描述如表 12-36 所示。

表 12-36　IVD3ErrorProc 函数描述

函数名	IVD3ErrorProc
函数原型	void IVD3ErrorProc(void)
功能描述	出错处理
输入参数	void
输出参数	void
返回值	void

12.2　设计思路

12.2.1　工程结构

如图 12-9 所示为夹爪控制实验的工程结构，夹爪控制实验使用 F103 基准工程的框架，以及步进电机控制中的 StepMotor 模块和光耦检测中的 OPTIC 模块，这些模块根据本章的要求进行了相应的改动。对夹爪的驱动是在新增的 Claw 模块里实现的，包括夹爪 GPIO 的配置、初始化、夹爪的回零、夹紧及松开等。此外，夹爪控制实验新增了 IVD3Device 模块和 IVD3Driver 模块，用于实现对全自动移液移杯实验平台的控制。

12.2.2　夹爪夹取流程

夹爪夹取流程如图 12-10 所示。STM32 微控制器向夹爪发送夹取指令后，延时 2s 检查夹爪反馈信号 DOUT，若 DOUT 为高电平，说明夹爪夹取成功；若 DOUT 为低电平，则说明夹爪夹取失败。

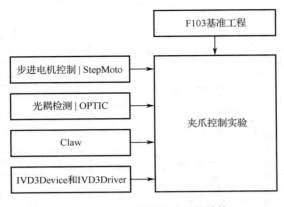

图 12-9　夹爪控制实验工程结构

12.2.3　夹爪张开流程

夹爪张开流程如图 12-11 所示。夹爪张开控制比较简单，STM32 微控制器向夹爪发送张开指令后，延时等待 1.5s 即可。

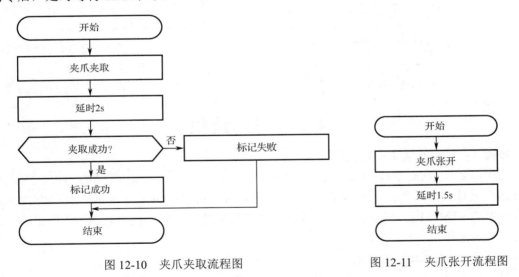

图 12-10　夹爪夹取流程图　　　　　　　　　　图 12-11　夹爪张开流程图

12.2.4　初始化任务流程

初始化任务流程如图 12-12 所示。按下 KEY1 按键后，全自动移液移杯实验平台首先进行取样臂归位校准，然后取样臂旋转到 5 号试管处。接着夹爪依次做 Z 轴、Y 轴、X 轴归位校准，为防止夹爪沿 X 轴方向运动时撞到取样臂，夹爪做完 Y 轴方向归位校准后需要移动到平行于矩阵样品台第 2 行的位置。

12.2.5　夹取测试流程

夹取测试流程如图 12-3 所示。按下 KEY2 按键后，全自动移液移杯实验平台依次在反应盘的夹取放置位置、样品盘的 1 号试管位置、矩阵样品台的(10,2)号试管位置做夹取、放置测试。

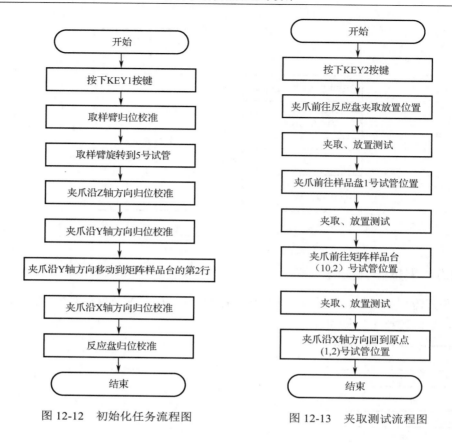

图 12-12 初始化任务流程图　　　　图 12-13 夹取测试流程图

12.3 设计流程

步骤 1：复制并编译原始工程

首先，将"D:\STM32KeilTest\Material\10.夹爪控制实验"文件夹复制到"D:\STM32KeilTest\Product"文件夹中。然后，双击运行"D:\STM32KeilTest\Product\10.夹爪控制实验\Project"文件夹中的 STM32KeilPrj.uvprojx，参见 3.3 节步骤 1 验证原始工程，若原始工程正确，即可进入下一步操作。

步骤 2：添加 Claw 文件对

将"D:\STM32KeilTest\Product\10.夹爪控制实验\App\Claw"文件夹中的 Claw.c 添加到 App 分组，具体操作可参见 3.3 节步骤 8。然后，将"D:\STM32KeilTest\Product\10.夹爪控制实验\App\Claw"路径添加到 Include Paths 栏，具体操作可参见 3.3 节步骤 11。

步骤 3：完善 Claw.h 文件

在 Claw.c 文件的"包含头文件"区，添加代码#include "Claw.h"，完成添加后单击 按钮进行编译。编译结束后，在 Project 面板中，双击 Claw.c 下的 Claw.h，然后，在 Claw.h 文件里添加防止重编译处理代码，如程序清单 12-1 所示。

程序清单 12-1

```
#ifndef _CLAW_H_
#define _CLAW_H_


#endif
```

在 Claw.h 文件的"包含头文件"区添加包含头文件 DataType.h 的代码，如程序清单 12-2 所示。

程序清单 12-2

```
#include "DataType.h"
```

在 Claw.h 文件的"包含头文件"区添加 API 函数 InitClaw、ClawClamp、ClawExpand 和 GetClawState 的声明代码，如程序清单 12-3 所示。

InitClaw 函数用于初始化夹爪驱动，在 Main.c 文件的"内部函数实现"区的 InitSoftware 函数中调用；ClawClamp 函数用于向夹爪发送夹取指令，控制夹爪夹取试管；ClawExpand 函数用于向夹爪发送张开指令，控制夹爪放下试管；GetClawState 函数用于读取 CLAW_CHECK 信号，即夹爪反馈信号 DOUT，用于判断夹爪夹取是否成功。

程序清单 12-3

```
void InitClaw(void);        //初始化夹爪驱动
void ClawClamp(void);       //夹爪夹取
void ClawExpand(void);      //夹爪张开
u8   GetClawState(void);    //返回夹爪状态
```

步骤 4：完善 Claw.c 文件

在 Claw.c 文件的"包含头文件"区添加包含头文件 stm32f10x_conf.h、SysTick.h 和 Common.h 的代码，如程序清单 12-4 所示。

程序清单 12-4

```
#include <stm32f10x_conf.h>
#include "SysTick.h"
#include "Common.h"
```

在 Claw.c 文件的"内部函数声明"区添加 ConfigClawGPIO 函数的声明代码，用于配置夹爪的 GPIO，如程序清单 12-5 所示。

程序清单 12-5

```
static void ConfigClawGPIO(void); //配置夹爪的 GPIO
```

在 Claw.c 文件的"内部函数实现"区添加 ConfigClawGPIO 函数的实现代码，如程序清单 12-6 所示。原理图上 CLAW_ENABLE_MCU 通过一个三极管取反后连接到夹爪的 ENIN 端口，CLAW_CHECK 网络连接到夹爪的 DOUT 端口。

夹爪上电后延时 2s 自动执行回零动作，此时，ENIN 端口在这 2s 内需处于高电平状态，即对应的引脚 CLAW_ENABLE_MCU（PB15）为低电平。

程序清单 12-6

```
static void ConfigClawGPIO(void)
{
  GPIO_InitTypeDef GPIO_InitStructure;   //定义结构体 GPIO_InitStructure,用来配置夹爪的 GPIO

  RCC_APB2PeriphClockCmd(RCC_APB2Periph_GPIOB, ENABLE); //使能 GPIOB 时钟
  RCC_APB2PeriphClockCmd(RCC_APB2Periph_GPIOC, ENABLE); //使能 GPIOC 时钟


  //CLAW enable
  GPIO_InitStructure.GPIO_Pin   = GPIO_Pin_15;           //夹爪的 GPIO 引脚
  GPIO_InitStructure.GPIO_Speed = GPIO_Speed_50MHz;      //引脚速率为 50MHz
  GPIO_InitStructure.GPIO_Mode  = GPIO_Mode_Out_PP;      //通用推挽输出
```

```
GPIO_Init(GPIOB, &GPIO_InitStructure);              //调用库函数初始化
GPIO_WriteBit(GPIOB, GPIO_Pin_15, Bit_RESET);       //拉低，夹爪回零

//CLAW Check
GPIO_InitStructure.GPIO_Pin   = GPIO_Pin_9;         //夹爪的 GPIO 引脚
GPIO_InitStructure.GPIO_Speed = GPIO_Speed_10MHz;   //引脚速率为 10MHz
GPIO_InitStructure.GPIO_Mode  = GPIO_Mode_IPU;      //上拉输入
GPIO_Init(GPIOC, &GPIO_InitStructure);              //调用库函数初始化
}
```

在 Claw.c 文件的"API 函数实现"区添加 InitClaw 函数的实现代码，如程序清单 12-7 所示。InitClaw 函数被 Main.c 中的 InitSoftware 函数调用，用于初始化夹爪驱动。InitClaw 函数首先通过 GetSystemStatus 获取当前体外诊断实验平台编号，若当前平台不是全自动移液移杯实验平台，则直接返回。然后调用 ConfigClawGPIO 配置夹爪的 GPIO，配置 GPIO 后还需等待 3.5s，等待夹爪完成回零动作。夹爪回零后，调用 ClawExpand 函数使夹爪保持张开姿势。

程序清单 12-7

```
void InitClaw(void)
{
  //获取系统状态
  StructSystemFlag* sysFlag = NULL;

  //获取系统状态，若不是全自动移液移杯实验平台（IVD3）则直接返回
  sysFlag = GetSystemStatus();
  if (STATE_IVD3 != sysFlag->sysState)
  {
    return;
  }

  ConfigClawGPIO(); //配置夹爪 GPIO
  DelayNms(3500);   //等待夹爪回零
  ClawExpand();     //夹爪张开
}
```

在 Claw.c 文件的"API 函数实现"区添加 ClawClamp 函数的实现代码，如程序清单 12-8 所示。ClawClamp 函数用于控制夹爪夹持，由原理图可知，CLAW_ENABLE_MCU（PB15）为高电平时，三极管导通，夹爪使能端 ENIN 接地，夹爪执行夹持操作。

程序清单 12-8

```
void ClawClamp(void)
{
  GPIO_WriteBit(GPIOB, GPIO_Pin_15, Bit_SET);
}
```

在 Claw.c 文件的"API 函数实现"区添加 ClawExpand 函数的实现代码，如程序清单 12-9 所示。ClawExpand 函数用于控制夹爪张开，由原理图可知，CLAW_ENABLE_MCU（PB15）为低电平时，三极管阻断，夹爪使能端 ENIN 电平拉高，夹爪执行张开操作。

程序清单 12-9

```
void ClawExpand(void)
{
  GPIO_WriteBit(GPIOB, GPIO_Pin_15, Bit_RESET);
}
```

在 Claw.c 文件的"API 函数实现"区添加 GetClawState 函数的实现代码,如程序清单 12-10 所示。GetClawState 函数用于返回夹爪状态,夹爪在夹持过程中若夹到物体,CLAW_CHECK 网络将由低电平跳变到高电平,并维持高电平状态。若未夹到物体,那么夹爪将发出一个高频脉冲,之后维持低电平状态。因此要判断夹爪是否夹到物体,只需要看夹爪返回信号是 1 还是 0,1 表示夹到物体,0 表示夹取失败。

夹爪张开过程中维持高电平,完毕后回到低电平。

程序清单 12-10

```
u8 GetClawState(void)
{
  return GPIO_ReadInputDataBit(GPIOC, GPIO_Pin_9);
}
```

步骤 5:初始化夹爪驱动

在 Main.c 文件的"包含头文件"区添加包含头文件 Claw.h 的代码,如程序清单 12-11 所示。

程序清单 12-11

```
#include "Claw.h"
```

在 Main.c 文件"内部函数实现"区的 InitSoftware 函数中,调用 InitClaw 函数初始化夹爪驱动,如程序清单 12-12 所示。

程序清单 12-12

```
static   void   InitSoftware(void)
{
  DisableOSC32AndJTAG();        //禁用 OSC32 和 JTAG
  InitSystemStatus();           //初始化系统状态,确定 IVD 型号
  InitTask();                   //初始化时间片
  InitDbgIVD();                 //初始化体外诊断调试组件模块
  InitKeyOne();                 //初始化按键模块
  InitProcKeyOne();             //初始化 ProcKeyOne 模块
  InitLED();                    //初始化 LED 模块
  InitBeep();                   //初始化蜂鸣器
  InitStepMotor();              //初始化步进电机驱动
  InitOPTIC();                  //初始化 OPTIC 驱动
  InitIVD3Driver();             //初始化全自动移液移杯实验平台(IVD3)驱动
  InitIVD3();                   //初始化全自动移液移杯实验平台(IVD3)
  InitClaw();                   //初始化夹爪驱动
}
```

步骤 6:完善 IVD3Driver.h 文件

在 IVD3Driver.h 文件的"API 函数声明"区添加 IVD3ClawClamp 函数和 IVD3ClawExpand 函数的实现代码,如程序清单 12-13 所示,用于控制夹爪的夹持和张开。

程序清单 12-13

```
void IVD3ClawClamp(void);                      //夹爪夹持
void IVD3ClawExpand(void);                      //夹爪张开
```

步骤 7:完善 IVD3Driver.c 文件

在 IVD3Driver.c 文件的"包含头文件"区添加包含头文件 Claw.h 的代码,如程序清单 12-14 所示。

程序清单 12-14

```
#include "Claw.h"
```

在 IVD3Driver.c 文件的"内部函数声明"区添加 ClawClampCallBack 函数的声明代码，如程序清单 12-15 所示。

程序清单 12-15

```
static void ClawClampCallBack(void);          //夹爪夹持回调函数
```

在 IVD3Driver.c 文件的"内部函数实现"区添加 ClawClampCallBack 函数的实现代码，如程序清单 12-16 所示。等待夹爪夹持动作完成后，通过读取返回信号判断是否夹取成功。

程序清单 12-16

```
static void ClawClampCallBack(void)
{
  //夹取成功
  if(1 == GetClawState())
  {
    s_iDriverState = IVD3_DRIVER_DONE;
  }

  //夹取失败
  else
  {
    s_iDriverState = IVD3_DRIVER_FAIL;
    printf("IVD3Driver: Claw clamp failed!\r\n");
  }
}
```

在 IVD3Driver.c 文件的"API 函数实现"区添加 IVD3ClawClamp 函数的实现代码，如程序清单 12-17 所示。调用 ClawClamp 函数向夹爪发送夹持命令后，还需等待 2s，以确保夹爪夹持动作完成。

程序清单 12-17

```
void IVD3ClawClamp(void)
{
  if (IsNIdle())
  {
    return;
  }
  s_iDriverState = IVD3_DRIVER_BUSY;

  //关闭所有电机
  DisableAllMotor();

  //夹紧
  ClawClamp();

  //延时 2s
  if(0 == SetTimerCallBack(ClawClampCallBack, 2000))
  {
    s_iDriverState = IVD3_DRIVER_FAIL;
    printf("IVD3Driver: Set timer callback error!\r\n");
```

```
    }
}
```

在 IVD3Driver.c 文件的"API 函数实现"区添加 IVD3ClawExpand 函数的实现代码，如
程序清单 12-18 所示。调用 ClawExpand 函数向夹爪发送张开命令之后，只需延时等待 1.5s
即可，无须判断夹爪是否张开成功。

程序清单 12-18

```
void IVD3ClawExpand(void)
{
  if (IsNIdle())
  {
    return;
  }
  s_iDriverState = IVD3_DRIVER_BUSY;

  //关闭所有电机
  DisableAllMotor();

  //夹爪张开
  ClawExpand();

  //延时 1.5s
  if(0 == SetTimerCallBack(DefaultCallBack, 1500))
  {
    s_iDriverState = IVD3_DRIVER_FAIL;
    printf("IVD3Driver: Set timer callback error!\r\n");
  }
}
```

步骤 8：完善 IVD3Device.c 文件

在 IVD3Device.c 文件"内部变量"区的 s_arrTask1Step[]列表中添加夹爪控制步骤，如程
序清单 12-19 所示。在此对 3 个位置进行夹取、放置测试，即反应盘的夹取放置位置、样品
盘的 1 号试管位置和矩阵样品台的(10,2)号试管位置（第 2 行、第 10 列）。

程序清单 12-19

```
//Task1
static StructIVD3StepList s_arrTask1Step[] =
{
  //反应盘孔测试
  {IVD3ClawGotoRow      , 1, IVD3_DISK_ROW    , NULL, NULL        }, //运行到反应盘夹取
                                                                          放置位置

  {IVD3ClawExpand       , 0, NULL             , NULL, NULL        }, //夹爪张开
  {IVD3ClawDown         , 0, NULL             , NULL, NULL        }, //夹爪向下
  {IVD3ClawClamp        , 0, NULL             , NULL, IVD3ErrorProc}, //夹取试管
  {IVD3ClawZHome        , 0, NULL             , NULL, NULL        }, //夹取后抬起
  {IVD3ClawDown         , 0, NULL             , NULL, NULL        }, //夹爪向下
  {IVD3ClawExpand       , 0, NULL             , NULL, NULL        }, //放下试管
  {IVD3ClawZHome        , 0, NULL             , NULL, NULL        }, //放下后抬起

  //样品盘孔测试
  {IVD3ClawGotoRow      , 1, IVD3_LIQUID_ROW  , NULL, NULL        }, //运行到样品盘 1 号
```

```
                                                                                        试管位置
  {IVD3ClawGotoRank        , 1, IVD3_LIQUID_RANK        , NULL, NULL         }, //运行到样品盘 1 号
                                                                                        试管位置
  {IVD3ClawDown            , 0, NULL                    , NULL, NULL         }, //夹爪向下
  {IVD3ClawClamp           , 0, NULL                    , NULL, IVD3ErrorProc}, //夹取试管
  {IVD3ClawZHome           , 0, NULL                    , NULL, NULL         }, //夹取后抬起
  {IVD3ClawDown            , 0, NULL                    , NULL, NULL         }, //夹爪向下
  {IVD3ClawExpand          , 0, NULL                    , NULL, NULL         }, //放下试管
  {IVD3ClawZHome           , 0, NULL                    , NULL, NULL         }, //放下后抬起

  //第 2 行第 10 列孔测试
  {IVD3ClawGotoRow         , 1, IVD3_ROW2               , NULL, NULL         }, //运行到第 2 行
  {IVD3ClawGotoRank        , 1, IVD3_RANK10             , NULL, NULL         }, //运行到第 10 列
  {IVD3ClawDown            , 0, NULL                    , NULL, NULL         }, //夹爪向下
  {IVD3ClawClamp           , 0, NULL                    , NULL, IVD3ErrorProc}, //夹取试管
  {IVD3ClawZHome           , 0, NULL                    , NULL, NULL         }, //夹取后抬起
  {IVD3ClawDown            , 0, NULL                    , NULL, NULL         }, //夹爪向下
  {IVD3ClawExpand          , 0, NULL                    , NULL, NULL         }, //放下试管
  {IVD3ClawZHome           , 0, NULL                    , NULL, NULL         }, //放下后抬起

  //回到零点
  {IVD3ClawGotoRank        , 1, IVD3_RANK_HOME          , NULL, NULL         }, //运行到零点
};
static StructIVD3TaskProc s_structTask1Proc =
{
  .nextTask = IVD3_STATE_IDLE,                          //默认下一个任务为空闲（不处理）
  .list     = s_arrTask1Step,                           //匹配任务步骤列表
  .stepCnt  = 0,                                        //步骤计数初始化为 0
  .stepNum  = sizeof(s_arrTask1Step) / sizeof(StructIVD3StepList), //步骤总数
  .done     = NULL                                     //无须回调
};
```

步骤 9：编译及下载验证

代码编写完成并编译成功后，上电前先将夹爪移动到图 1-30 左上方的位置，然后将拨码开关拨至"10"，上电后编号为 IVD3 的橙色发光二极管亮起，表示当前体外诊断实验平台为全自动移液移杯实验平台，最后通过 Keil μVision5 软件将程序下载到体外诊断控制板的 STM32 微控制器中。下载完成后，观察控制板上的流水灯，待流水灯开始闪烁后，通过控制板上的独立按键控制全自动移液移杯实验平台。

按下 KEY1 按键，全自动移液移杯实验平台归位校准。归位校准完毕后，按下 KEY2 按键，执行任务，夹爪先运行至反应盘的夹取放置位置，夹取试管后放下，然后依次对样品盘的 1 号试管位置和矩阵样品台的(10,2)号试管位置进行同样的操作。任务 1 结束后，再次按下 KEY2 按键可以重复测试。

由于不同的全自动移液移杯实验平台的试管位置有所偏差，可以尝试调整 IVD3Driver.h 中的参数，进一步优化全自动移液移杯实验平台的运行。

拓 展 设 计

图 12-14 所示为移液移杯实验平台的关键位置示意图，表 12-37 中给出了这些关键位置间的大致步数，利用 DbgIVD 调试组件，首先输入 3:5,3,1000,1 进行反应盘复位，然后通过

DbgMoterHome 和 DbgMotorStep 调试函数，测量出各关键位置间的精确步数并填入表 12-37。

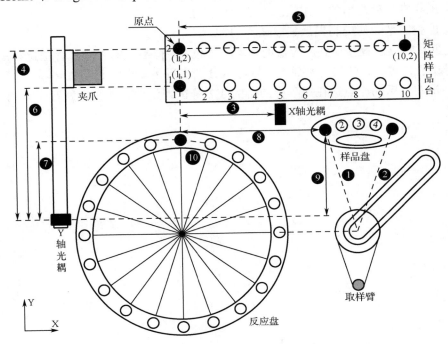

图 12-14　移液移杯实验平台关键位置示意图

表 12-37　移液移杯实验平台关键位置间的步数

序号	描　　述	大 致 步 数	精 确 步 数
1	取样针从水平光耦到样品盘 1 号试管的步数	1650	
2	取样针从水平光耦到样品盘 5 号试管的步数	3430	
3	夹爪从 X 轴光耦到原点［矩阵样品台(1,2)号试管］的步数	13000	
4	夹爪从 Y 轴光耦到原点的步数	11180	
5	夹爪从原点到矩阵样品台(10,2)号试管的步数	13400	
6	夹爪从 Y 轴光耦到矩阵样品台(1,1)号试管的步数	8220	
7	夹爪从 Y 轴光耦到反应盘夹取放置位置的步数	2160	
8	夹爪从原点到样品盘 1 号试管的步数	8320	
9	夹爪从 Y 轴光耦到样品盘 1 号试管的步数	2550	
10	反应盘转动一支试管间距的步数	560	

　　完成之后，将测出的步数填入 IVD3Driver.h 的"宏定义"区中对应的位置。利用夹爪，将反应盘的夹取放置位置的试管转移到矩阵样品台第 1 行、第 9 列的位置，然后反应盘旋转一次，再将试管放回反应盘。

思　考　题

1. 全自动移液移杯实验平台在使用过程中有哪些注意事项？
2. 简述夹爪的硬件电路控制原理。

3．夹爪上电时需要注意什么？

4．夹爪共有几种常用的工作状态？请简单描述。

5．微控制器是如何控制夹爪夹取试管的？

6．夹爪从归位位置移动到反应盘的夹取放置位置、样品盘的 1 号试管位置和矩阵样品台的(10,2)号试管位置时，X 轴、Y 轴、Z 轴电机分别步进了多少步？

7．夹爪归位后的原点选在矩阵样品台的(1,2)号试管位置有什么好处？

第13章 移液移杯

智能电动夹爪主要用于移动一次性反应杯，广泛应用在化学发光免疫分析仪、全自动核酸检测仪、微生物分析仪中。本章将结合智能电动夹爪、步进电机和光耦，设计移液移杯综合程序，实现试管在不同存放位置间的传动。

13.1 设计思路

13.1.1 工程结构

如图 13-1 所示为移液移杯综合实验的工程结构，该实验使用 F103 基准工程的框架，以及步进电机控制中的 StepMotor 模块、光耦检测中的 OPTIC 模块及夹爪控制中的 Claw 模块，这些模块根据本章的要求进行了相应的改动。此外，移液移杯综合实验使用 IVD3Device 模块和 IVD3Driver 模块来对全自动移液移杯实验平台进行综合控制。

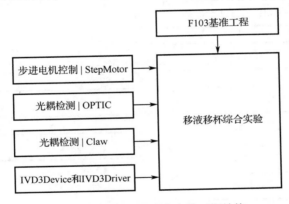

图 13-1 移液移杯综合实验工程结构

13.1.2 初始化任务流程

移液移杯的初始化任务流程与夹爪控制的一致，可以参考 12.2.4 节。

13.1.3 移液移杯流程

移液移杯流程如图 13-2 所示。矩阵样品台的行数 x 和列数 y 的初始值均为 1，按下 KEY2 按键后，全自动移液移杯实验平台将反应盘上的试管依次转移到矩阵样品台上，直到全部转移到矩阵样品台上，任务结束。由于运行过程中会产生各种偏差，每转移一支试管后，沿 X 方向和 Y 方向均要做一次归位校准。

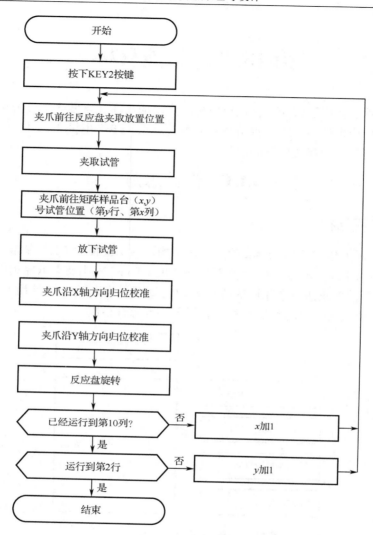

图 13-2 移液移杯流程图

13.2 设计流程

步骤 1：复制并编译原始工程

首先，将"D:\STM32KeilTest\Material\11.移液移杯综合实验"文件夹复制到"D:\STM32KeilTest\Product"文件夹中。然后，双击运行"D:\STM32KeilTest\Product\11.移液移杯综合实验\Project"文件夹中的STM32KeilPrj.uvprojx，参见 3.3 节步骤 1 验证原始工程，若原始工程正确，即可进入下一步操作。

步骤 2：完善 IVD3Device.c 文件

首先，将第 12 章的拓展设计中测出的各项步数填入 IVD3Driver.h "宏定义"区的对应位置。然后，在 IVD3Device.c 文件"内部变量"区的 s_arrTask1Step[]列表中添加移液移杯综合实验步骤，如程序清单 13-1 所示。

程序清单 13-1

```
//Task1
```

```
static StructIVD3StepList s_arrTask1Step[] =
{
  //将反应盘上的试管转移至矩阵样品台
  {IVD3ClawGotoRow        , 1, IVD3_DISK_ROW   , NULL, NULL          }, //运行到反应盘夹取
                                                                           放置位置
  {IVD3ClawExpand         , 0, NULL            , NULL, NULL          }, //夹爪张开
  {IVD3ClawDown           , 0, NULL            , NULL, NULL          }, //夹爪向下
  {IVD3ClawClamp          , 0, NULL            , NULL, IVD3ErrorProc}, //夹取试管
  {IVD3ClawZHome          , 0, NULL            , NULL, NULL          }, //夹取后抬起
  {IVD3ClawGotoRow        , 1, IVD3_ROW1       , NULL, NULL          }, //运行到第 1 行
  {IVD3ClawGotoRank       , 1, IVD3_RANK1      , NULL, NULL          }, //运行到第 1 列
  {IVD3ClawDown           , 0, NULL            , NULL, NULL          }, //夹爪向下
  {IVD3ClawExpand         , 0, NULL            , NULL, NULL          }, //放下试管
  {IVD3ClawZHome          , 0, NULL            , NULL, NULL          }, //放下后抬起

  //校准
  {IVD3ClawXHome          , 0, NULL            , NULL, NULL          }, //夹爪沿 X 轴方向回
                                                                           到光耦处
  {IVD3ClawXAdjust        , 0, NULL            , NULL, NULL          }, //夹爪沿 X 轴方向回
                                                                           到原点处
  {IVD3ClawYHome          , 0, NULL            , NULL, NULL          }, //夹爪沿 Y 轴方向归位

  //反应盘旋转一次，准备下一轮
  {IVD3DiskSpin           , 0, NULL            , NULL, NULL          }, //反应盘旋转一次
};
static StructIVD3TaskProc s_structTask1Proc =
{
  .nextTask = IVD3_STATE_IDLE,                                    //默认下一个任务为空闲（不处理）
  .list     = s_arrTask1Step,                                     //匹配任务步骤列表
  .stepCnt  = 0,                                                  //步骤计数初始化为 0
  .stepNum  = sizeof(s_arrTask1Step) / sizeof(StructIVD3StepList), //步骤总数
  .done     = IVD3Task1CallBack                                   //切换行和列
};
```

在 IVD3Device.c 文件的 "API 函数实现" 区完善 SetIVD3Task1 函数的内容，如程序清单 13-2 所示。SetIVD3Task1 函数为 KEY2 响应函数，按下 KEY2 按键后，夹爪将从 1 行、1 列开始，将反应盘上的试管依次转移到矩阵样品台上。

程序清单 13-2

```
void SetIVD3Task1(void)
{
  //要先切换到空闲模式才能切换任务，否则会丢步骤
  if(IVD3_STATE_IDLE != s_iDeviceState)
  {
    printf("IVD3Device: Device not at IDLE mode, please stop device first!\r\n");
    return;
  }

  s_structTask1Proc.stepCnt   = 0;
  s_iDeviceState = IVD3_STATE_TASK1;
}
```

在 IVD3Device.c 文件的"API 函数实现"区完善 IVD3Task1CallBack 函数内容，如程序清单 13-3 所示。全自动移液移杯实验平台每完成一次任务 1，就会调用 IVD3Task1CallBack 函数一次。为了实现行和列的切换，可以在 IVD3Task1CallBack 函数中修改任务步骤列表 s_arrTask1Step[]中切换行和列步骤的参数，这样在下一次执行任务 1 时，夹爪就会移动至目标位置。

程序清单 13-3

```
void IVD3Task1CallBack(void)
{
  u8 i = 0;

  //查找切换列步骤所在位置
  while(IVD3ClawGotoRank != s_arrTask1Step[i].task)
  {
    i++;
  }

  //已经排到第 10 列
  if((u16)IVD3_RANK10 == s_arrTask1Step[i].para1)
  {
    //切换到第 2 行
    if((u16)IVD3_ROW1 == s_arrTask1Step[i - 1].para1)
    {
      s_arrTask1Step[i].para1     = IVD3_RANK1;
      s_arrTask1Step[i - 1].para1 = IVD3_ROW2;
    }

    //任务完成
    else
    {
      s_iDeviceState = IVD3_STATE_IDLE;
      return;
    }
  }
  else
  {
    s_arrTask1Step[i].para1++;
  }

  s_structTask1Proc.stepCnt = 0;
  s_iDeviceState = IVD3_STATE_TASK1;
}
```

步骤 3：编译及下载验证

代码编写完成并编译成功后，上电前先将夹爪移动到图 1-30 左上方的位置，然后将拨码开关拨至"10"，上电后编号为 IVD3 的橙色发光二极管亮起，表示当前体外诊断实验平台为全自动移液移杯实验平台，最后通过 Keil μVision5 软件将程序下载到体外诊断控制板的 STM32 微控制器中。下载完成后，观察控制板上的流水灯，待流水灯开始闪烁后，通过控制板上的独立按键控制全自动移液移杯实验平台。

将试管放在反应盘上，按下 KEY1 按键进行校准。然后按下 KEY2 按键，全自动移液移杯实验平台执行综合实验任务，将反应盘上的试管依次转移到矩阵样品台上。

拓 展 设 计

　　结合本章所学内容，实现从矩阵样品台将试管移动至反应盘，并控制取样臂模拟从样品盘上的试管取样，加样至反应盘上的试管进行反应的过程，完成加样后将反应盘旋转至下一支试管的位置，本设计最少需要完成 3 支试管的移液移杯过程，最后将试管从反应盘移回矩阵样品台进行存放。

　　注意，取样与加样过程只需要完成将取样针下降至试管内一定距离即可，设计过程中要注意防止取样针碰撞受损。

思 考 题

　　1. 结合移液移杯设计的内容，举例说明移液移杯可以应用在体外诊断的哪些场景中。

　　2. 简述三自由度构型的夹爪机械臂有何优缺点。

　　3. 反应盘从当前试管位置旋转至下一试管的位置，一共需要步进多少步？

　　4. 全自动移液移杯实验平台的归位校准顺序是怎么样的？归位校准前需要注意什么？

　　5. 在样品传动过程中，有可能会因为移动而产生样品的晃动，应怎样避免或减小晃动？

　　6. 在体外诊断仪器中，除了本章使用到的夹爪，还可以通过哪些方式进行样品的传动？请举例说明，并分析夹爪与这些传动方式的优缺点。

第14章 凝块检测

取样针在吸取液体的过程中经常要做凝块检测，以避免取样针因为吸附到凝块而堵塞。本章将详细介绍凝块检测的原理、方式及硬件电路图，并设计凝块检测驱动程序，最后通过液路凝块检测实验平台（IVD4）的独立按键进行凝块检测。

14.1 理论基础

14.1.1 凝块检测原理

液路的凝块检测是通过检测液路的压力变化来实现的，如图 14-1 所示，压力传感器的两端是相通的，通过两根导管将取样针与柱塞泵连接起来。在取样过程中，空气和液体的流动对管壁产生的压强会发生变化，压力传感器检测到管壁表面压强的变化后，输出的电压将发生变化，根据输出电压的变化，就可以知道柱塞泵抽取到的是液体还是凝块，从而达到凝块检测的目的。

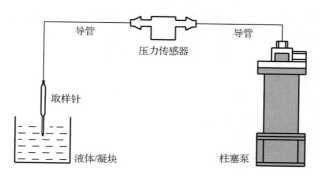

图 14-1 凝块检测原理

14.1.2 传感器规格参数

凝块检测模块如图 1-20 所示，该模块内置的压力传感器可用于测量真空表压或正压，无放大，有温度补偿，具体参数如表 14-1 所示。

表 14-1 压力传感器规格参数

工作电压	DC 12V	量程	0～100 psi
工作温度	−20～85℃	精度	±0.50%FSS
温度补偿范围	0～50℃	偏移电压（25℃下）	±0.1mV/V
过压值	145psi	灵敏度（25℃下）	10.0±0.4mV/V/FS

14.1.3 凝块检测硬件电路

如图 14-4 所示为凝块检测电路原理图，按功能可分为传感器接口电路、基准电压电路和信号放大电路 3 个部分，下面分别简单介绍各部分电路的主要功能。

如图 14-2 所示为传感器接口电路，接口使用一个 4P 的 XH 插座，1～4 号引脚分别连接传感器的 COUT-信号、GND、COUT+信号及 12V 电源，其中，COUT-和 COUT+是压力传感器的一对差分信号。

如图 14-3 所示为基准电压电路，用于给凝块检测电路的信号放大电路提供基准电压。

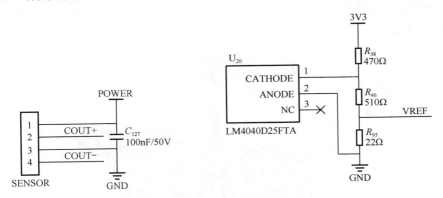

图 14-2　传感器接口电路　　　　　　图 14-3　基准电压电路

如图 14-4 所示为信号放大电路，STM32 微控制器的 PC0 引脚通过 GRUME_CHECK 网络连接到信号放大电路，用于检测传感器的信号。由于使用的压力传感器不带放大功能，因此需要单独、进行信号放大处理，传感器的一对差分信号经接口电路输入信号放大电路进行放大，该电路使用仪表运放芯片 AD623ARZ-R7，故可将其视为仪表放大电路来理解。放大后的信号（GRUME_CHECK）由 6 号引脚输出至 STM32 微控制器进行后续处理。

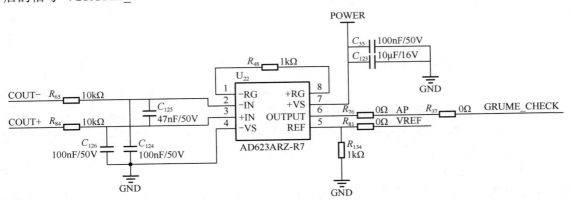

图 14-4　信号放大电路

14.1.4　微控制器的凝块检测

下面介绍 STM32 微控制器是怎样通过输入的信号判断是液体还是凝块的。STM32 通过 A/D功能可以将输入的模拟信号转换为数字信号进行采样与读取，从而得到输入信号的电压值，经过测试，当取样针抽取的是液体时，检测到 GRUME_CHECK 的 ADC 值约为 70～100；当取样针抽取的是凝块时，GRUME_CHECK 的 ADC 值会降到 30 以下。因此，这里取临界值为 40，当检测到 ADC 值在 40 以上时，判断抽取的为液体；当检测到 ADC 值在 40 以下时，判断抽取的是凝块。由于测试所用凝块种类及液体种类较少，这里所取的临界值只起到参考作用，应根据实际情况适当修改临界值。

14.1.5 液路凝块检测实验平台

液路凝块检测实验平台实物图如图 14-5 所示，主要由反应盘、加样模块、清洗模块和凝块检测模块组成，具备取样、加样、清洗内外壁和凝块检测等功能。注意，取样臂只有上升到最高点时，才允许进行左右方向的旋转，以避免在低处旋转时因碰撞而损坏。

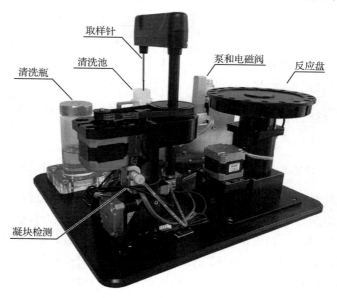

图 14-5　液路凝块检测实验平台实物图

14.1.6 Grume 模块函数

本章的工程中，对凝块检测的实现主要由 Grume 模块和 ADC 模块的函数来实现，其中，ADC 模块主要用于液路压力传感器的 ADC 值采样，Grume 模块用于判断凝块检测的结果，这里仅介绍 Grume 模块函数。Grume 模块共有 2 个内部函数和 2 个 API 函数，下面一一进行介绍。

1. 内部函数

（1）ResetFiltering

ResetFiltering 的功能是初始化平滑滤波数组，将数组中的每个数均初始化为 4096，该数组共有 128 个数，每次检测到凝块后都需要调用一次该函数进行数组初始化，避免检测下一支试管时出现误检，具体描述如表 14-2 所示。

表 14-2　ResetFiltering 函数描述

函数名	ResetFiltering
函数原型	void ResetFiltering(void)
功能描述	初始化平滑滤波数组
输入参数	void
输出参数	void
返回值	void

（2）SmoothFiltering

SmoothFiltering 的功能是平滑滤波，将采样获取的 128 个 ADC 值存储在平滑滤波数组中，计算 128 次采样的平均值作为 ADC 采样值，具体描述如表 14-3 所示。

表 14-3　SmoothFiltering 函数描述

函数名	SmoothFiltering
函数原型	u16 SmoothFiltering(u16 adc)
功能描述	平滑滤波
输入参数	adc：ADC 值
输出参数	void
返回值	void

2．API 函数

（1）InitGrume

InitGrume 的功能是初始化凝块检测驱动，通过调用 ResetFiltering 函数初始化平滑滤波数组，具体描述如表 14-4 所示。

表 14-4　InitGrume 函数描述

函数名	InitGrume
函数原型	void InitGrume(void)
功能描述	初始化凝块检测驱动
输入参数	void
输出参数	void
返回值	void

（2）GetGrumeResult

GetGrumeResult 的功能是获取凝块检测的结果，即获取液路压力传感器的 ADC 值，通过调用 GetGrumeADC 函数采集 ADC 值，调用 SmoothFiltering 函数平滑滤波，并与设定的凝块检测阈值进行对比，得到凝块检测的结果，具体描述如表 14-5 所示。

表 14-5　GetGrumeResult 函数描述

函数名	GetGrumeResult
函数原型	u8 GetGrumeResult(void)
功能描述	获取凝块检测结果
输入参数	void
输出参数	void
返回值	1-检测到凝块，0-没有检测到凝块

14.1.7　IVD4Driver 模块函数

IVD4Driver 模块为液路凝块检测实验平台的底层驱动，是对各模块函数的综合调用，可实现实验平台的驱动初始化和对某一步骤的控制，如取样臂的竖直归位、水平归位、液面检测、取样加样等，下面简单介绍 IVD4Driver 模块的 API 函数。

1. InitIVD4Driver

InitIVD4Driver 的功能是液路凝块检测实验平台的驱动初始化，具体描述如表 14-6 所示。

表 14-6　InitIVD4Driver 函数描述

函数名	InitIVD4Driver
函数原型	void InitIVD4Driver(void)
功能描述	液路凝块检测实验平台的驱动初始化
输入参数	void
输出参数	void
返回值	void

2. IVD4VeritcalHome

IVD4VeritcalHome 的功能是取样臂竖直归位，回到顶部，具体描述如表 14-7 所示。

表 14-7　IVD4VeritcalHome 函数描述

函数名	IVD4VeritcalHome
函数原型	void IVD4VeritcalHome(void)
功能描述	取样臂竖直归位，回到顶部
输入参数	void
输出参数	void
返回值	void

3. IVD4VeritcalAdjust

IVD4VeritcalAdjust 的功能是取样臂竖直位置调整，要稍稍抬高，避免撞到试管，具体描述如表 14-8 所示。

表 14-8　IVD4VeritcalAdjust 函数描述

函数名	IVD4VeritcalAdjust
函数原型	void IVD4VeritcalAdjust(void)
功能描述	取样臂竖直位置调整，要稍稍抬高，避免撞到试管
输入参数	void
输出参数	void
返回值	void

4. IVD4HonrizonHome

IVD4HonrizonHome 的功能是取样臂水平归位，具体描述如表 14-9 所示。

表 14-9　IVD4HonrizonHome 函数描述

函数名	IVD4HonrizonHome
函数原型	void IVD4HonrizonHome(void)
功能描述	取样臂水平归位
输入参数	void

续表

输出参数	void
返回值	void

5．IVD4GotoPosition

IVD4GotoPosition 的功能是取样臂水平移动，具体描述如表 14-10 所示。

表 14-10　IVD4GotoPosition 函数描述

函数名	IVD4GotoPosition
函数原型	void IVD4GotoPosition(EnumIVD4Position position)
功能描述	取样臂水平移动
输入参数	void
输出参数	void
返回值	void

6．IVD4LiquidTest

IVD4LiquidTest 的功能是液面检测，具体描述如表 14-11 所示。

表 14-11　IVD4LiquidTest 函数描述

函数名	IVD4LiquidTest
函数原型	void IVD4LiquidTest(void)
功能描述	液面检测
输入参数	void
输出参数	void
返回值	void

7．IVD4BumpGetWater

IVD4BumpGetWater 的功能是柱塞泵取样，具体描述如表 14-12 所示。

表 14-12　IVD4BumpGetWater 函数描述

函数名	IVD4BumpGetWater
函数原型	void IVD4BumpGetWater(void)
功能描述	柱塞泵取样
输入参数	void
输出参数	void
返回值	void

8．IVD4BumpPourWater

IVD4BumpPourWater 的功能是柱塞泵加样，具体描述如表 14-13 所示。

表 14-13　IVD4BumpPourWater 函数描述

函数名	IVD4BumpPourWater
函数原型	void IVD4BumpPourWater(void)

续表

功能描述	柱塞泵加样
输入参数	void
输出参数	void
返回值	void

9. IVD4ValueOn

IVD4ValueOn 的功能是打开电磁阀，具体描述如表 14-14 所示。

表 14-14　IVD4ValueOn 函数描述

函数名	IVD4ValueOn
函数原型	void IVD4ValueOn(void)
功能描述	打开电磁阀
输入参数	void
输出参数	void
返回值	void

10. IVD4ValueOff

IVD4ValueOff 的功能是关闭电磁阀，具体描述如表 14-15 所示。

表 14-15　IVD4ValueOff 函数描述

函数名	IVD4ValueOff
函数原型	void IVD4ValueOff(void)
功能描述	关闭电磁阀
输入参数	void
输出参数	void
返回值	void

11. IVD4CleanInwall

IVD4CleanInwall 的功能是清洗内壁，具体描述如表 14-16 所示。

表 14-16　IVD4CleanInwall 函数描述

函数名	IVD4CleanInwall
函数原型	void IVD4CleanInwall(void)
功能描述	清洗内壁
输入参数	void
输出参数	void
返回值	void

12. IVD4CleanOutwall

IVD4CleanOutwall 的功能是清洗外壁，具体描述如表 14-17 所示。

表 14-17　IVD4CleanOutwall 函数描述

函数名	IVD4CleanOutwall
函数原型	void IVD4CleanOutwall(void)
功能描述	清洗外壁
输入参数	void
输出参数	void
返回值	void

13．IVD4DiskHome

IVD4DiskHome 的功能是反应盘归位，具体描述如表 14-18 所示。

表 14-18　IVD4DiskHome 函数描述

函数名	IVD4DiskHome
函数原型	void IVD4DiskHome(void)
功能描述	反应盘归位
输入参数	void
输出参数	void
返回值	void

14．IVD4DiskSpin

IVD4DiskSpin 的功能是反应盘旋转一步，切换试管，具体描述如表 14-19 所示。

表 14-19　IVD4DiskSpin 函数描述

函数名	IVD4DiskSpin
函数原型	void IVD4DiskSpin(void)
功能描述	反应盘旋转一步，切换试管
输入参数	void
输出参数	void
返回值	1-空闲，0-忙碌

15．IVD4GetDriverState

IVD4GetDriverState 的功能是获取驱动状态，并清除标志位，具体描述如表 14-20 所示。

表 14-20　IVD4GetDriverState 函数描述

函数名	IVD4GetDriverState
函数原型	EnumIVD4DriverState IVD4GetDriverState(void)
功能描述	获取驱动状态，并清除标志位
输入参数	void
输出参数	void
返回值	void

16. IVD4ClearDriverFlag

IVD4ClearDriverFlag 的功能是清除标志位,具体描述如表 14-21 所示。

表 14-21　IVD4ClearDriverFlag 函数描述

函数名	IVD4ClearDriverFlag
函数原型	void IVD4ClearDriverFlag(void)
功能描述	清除标志位
输入参数	void
输出参数	void
返回值	void

14.1.8　IVD4Device 模块函数

IVD4Device 模块是液路凝块检测实验平台的顶层应用,该模块编写了各项任务,通过与 IVD4Driver 模块配合,实现对液路凝块检测实验平台的综合控制,下面简单介绍 IVD4Device 模块的 API 函数。

1. InitIVD4

InitIVD4 的功能是初始化液路凝块检测实验平台,即将液路凝块检测实验平台设置为空闲状态 IVD4_STATE_IDLE,具体描述如表 14-22 所示。

表 14-22　InitIVD4 函数描述

函数名	InitIVD4
函数原型	void InitIVD4(void)
功能描述	初始化液路凝块检测实验平台
输入参数	void
输出参数	void
返回值	void

2. IVD4Proc

IVD4Proc 的功能是液路凝块检测实验平台处理,可以根据平台状态处理相应的任务及函数,通过 IVD4ClearDriverFlag 函数来清除驱动标志,任务的处理是调用 IVDTaskProc 函数来执行的,具体描述如表 12-32 所示。

表 14-23　IVD4Proc 函数描述

函数名	IVD4Proc
函数原型	void IVD4Proc(void)
功能描述	液路凝块检测实验平台处理
输入参数	void
输出参数	void
返回值	void

3. SetIVD4Init

SetIVD4Init 的功能是使能初始化任务,在独立按键 KEY1 中被调用,可将液路凝块检测实验平台设置为初始化状态 IVD4_STATE_INIT，具体描述如表 14-24 所示。

表 14-24　SetIVD4Init 函数描述

函数名	SetIVD4Init
函数原型	void SetIVD4Init(void)
功能描述	使能初始化任务，在独立按键 KEY1 中被调用
输入参数	void
输出参数	void
返回值	void

4．SetIVD4Task1

SetIVD4Task1 的功能是使能凝块检测任务，在独立按键 KEY2 中被调用，可将液路凝块检测实验平台设置为凝块检测任务状态 IVD4_STATE_TASK1，具体描述如表 14-25 所示。

表 14-25　SetIVD4Task1 函数描述

函数名	SetIVD4Task1
函数原型	void SetIVD4Task1(void)
功能描述	使能凝块检测任务，在独立按键 KEY2 中被调用
输入参数	void
输出参数	void
返回值	void

5．SetIVD4Idle

SetIVD4Idle 的功能是设置液路凝块检测实验平台为空闲状态，在独立按键 KEY3 中被调用，可将液路凝块检测实验平台设置为空闲状态 IVD4_STATE_IDLE，以终止实验平台继续运行，具体描述如表 14-26 所示。

表 14-26　SetIVD4Idle 函数描述

函数名	SetIVD4Idle
函数原型	void SetIVD4Idle(void)
功能描述	设置液路凝块检测实验平台为空闲状态，在独立按键 KEY3 中被调用
输入参数	void
输出参数	void
返回值	void

6．IVD4CleanNeedle

IVD4CleanNeedle 的功能是清洗取样针，具体描述如表 14-27 所示。

表 14-27　IVD4CleanNeedle 函数描述

函数名	IVD4CleanNeedle
函数原型	void IVD4CleanNeedle(void)
功能描述	清洗取样针

续表

输入参数	void
输出参数	void
返回值	void

14.2　设计思路

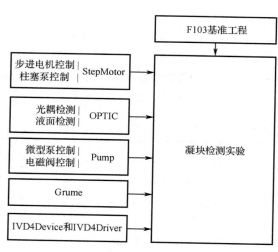

图 14-6　凝块检测实验工程结构

14.2.1　工程结构

如图 14-6 所示为凝块检测实验的工程结构，凝块检测实验使用 F103 基准工程的框架，以及步进电机控制和柱塞泵控制中的 StepMotor 模块、光耦检测和液面检测中的 OPTIC 模块、微型泵控制和电磁阀控制中的 Pump 模块，这些模块根据本章的要求进行了相应的改动。对凝块检测的驱动是在新增的 Crume 模块里实现的，包括凝块检测 GPIO 的配置、初始化、液路压力值的 ADC 采样等。此外，凝块检测实验还新增了 IVD4Device 模块和 IVD4Driver 模块，用于实现对液路凝块检测实验平台的控制。

14.2.2　凝块检测流程

凝块检测流程如图 14-7 所示。凝块检测分为两种情况，一种是整个过程都没有检测到凝块，那么等到柱塞泵取样步数达到指定步数后，关闭定时器 PWM 停止取样即可；另一种是检测到了凝块，取样针吸取凝块之后，柱塞泵应立即停止取样，避免取样针堵塞，同时还应立即清洗取样针。

14.2.3　初始化任务流程

初始化任务流程如图 14-8 所示。取样针竖直方向归位校准后还需将向上移动 200 步，以免撞到反应盘上的试管，初始化调零完成后，还需要进行一次取样针内外壁的清洗，避免上一次实验有凝块残留或存放过程中积灰，影响凝块检测的准确性。

14.2.4　凝块检测实验流程

凝块检测流程如图 14-9 所示。柱塞泵在取样过程中若检测到凝块，将跳转至清洗取样针任务。

14.2.5　清洗取样针任务流程

清洗取样针任务如图 14-10 所示。由于柱塞泵在取样过程中检测到了凝块，为避免取样针堵塞，需要立即将吸取的液体全部排出，并前往清洗台清洗取样针内外壁。

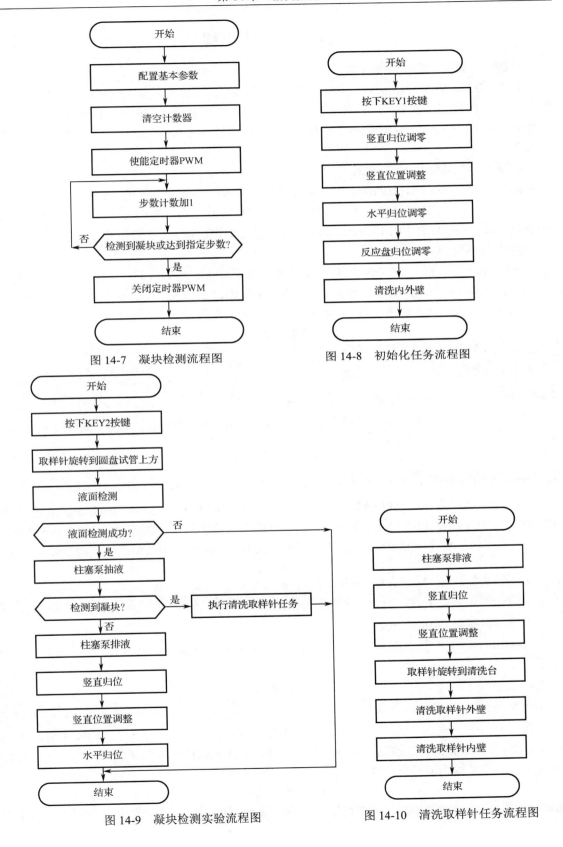

图 14-7 凝块检测流程图

图 14-8 初始化任务流程图

图 14-9 凝块检测实验流程图

图 14-10 清洗取样针任务流程图

14.3　设计流程

步骤 1：复制并编译原始工程

首先，将"D:\STM32KeilTest\Material\12.凝块检测实验"文件夹复制到"D:\STM32KeilTest\Product"文件夹中。然后，双击运行"D:\STM32KeilTest\Product\12.凝块检测实验\Project"文件夹中的 STM32KeilPrj.uvprojx，参见 3.3 节步骤 1 验证原始工程，若原始工程正确，即可进入下一步操作。

步骤 2：添加 Grume 文件对

将"D:\STM32KeilTest\Product\12.凝块检测实验\App\Grume"下的 Grume.c 添加到 App 分组，具体操作可参见 3.3 节步骤 8。然后，将"D:\STM32KeilTest\Product\12.凝块检测实验\App\Grume"路径添加到"Include Paths"栏，具体操作可参见 3.3 节步骤 11。

步骤 3：完善 Grume.h 文件

在 Grume.c 文件的"包含头文件"区，添加代码#include "Grume.h"。完成添加后，单击 🖥 按钮进行编译，编译结束后，在 Project 面板中，双击 Grume.c 下的 Grume.h。然后，在 Grume.h 文件里添加防止重编译处理代码，如程序清单 14-1 所示。

程序清单 14-1

```
#ifndef _GRUME_H_
#define _GRUME_H_

#endif
```

在 Grume.h 文件的"包含头文件"区添加包含头文件 DataType.h 的代码，如程序清单 14-2 所示。

程序清单 14-2

```
#include "DataType.h"
```

在 Grume.h 文件的"API 函数声明"区添加 API 函数 InitGrume 和 GetGrumeResult 的声明代码，如程序清单 14-3 所示。InitGrume 函数用于初始化凝块检测驱动，在 Main.c 文件的"内部函数实现"区的 InitSoftware 函数中调用。GetGrumeResult 函数用于获取凝块检测结果。

程序清单 14-3

```
void InitGrume(void);        //初始化凝块检测驱动
u8   GetGrumeResult(void); //获取凝块检测结果
```

步骤 4：完善 Grume.c 文件

在 Grume.c 文件的"包含头文件"区添加包含头文件 ADC.h 的代码，如程序清单 14-4 所示。

程序清单 14-4

```
#include "ADC.h"
```

在 Grume.c 文件的"宏定义"区添加 GRUME_ADC_VALUE 宏定义，如程序清单 14-5 所示。以 40 为临界值，若检测到 ADC 值低于 40，则认为取样针吸到了凝块，为防止取样针堵塞，此时应立即为取样针做清洗处理。

程序清单 14-5

```
#define GRUME_ADC_VALUE 40 //凝块检测 ADC 有效值，以 40 为临界值
```

在 Grume.c 文件的"内部变量"区添加平滑滤波缓冲区 s_arrGrumeAdc 的定义，如程序清单 14-6 所示。

程序清单 14-6

```
static u16 s_arrGrumeAdc[128]; //128 次平滑滤波
```

在 Grume.c 文件的"内部函数声明"区添加内部函数 ResetFiltering 和 SmoothFiltering 的声明，如程序清单 14-7 所示。ResetFiltering 函数用于重置 s_arrGrumeAdc 数组，为每一个数组成员重新装填初始值。SmoothFiltering 函数为平滑滤波处理，用于过滤高频干扰信号。

程序清单 14-7

```
void ResetFiltering(void);      //重置平滑滤波数组
u16  SmoothFiltering(u16 adc); //平滑滤波
```

在 Grume.c 文件的"内部函数实现"区添加内部函数 ResetFiltering 的实现代码，如程序清单 14-8 所示。

程序清单 14-8

```
void ResetFiltering(void)
{
  u8 i = 0;

  //初始化平滑滤波数组
  for(i = 0; i < sizeof(s_arrGrumeAdc) / sizeof(u16); i++)
  {
    s_arrGrumeAdc[i] = 4096;
  }
}
```

在 Grume.c 文件的"内部函数实现"区添加内部函数 SmoothFiltering 的实现代码，如程序清单 14-9 所示。无论试管中是液体还是凝块，取样针接触液面的一瞬间，凝块检测信号将出现剧烈波动，为了滤掉由于接触液面产生的高频杂波，需要进行平滑滤波。

程序清单 14-9

```
u16 SmoothFiltering(u16 adc)
{
  u8  i      = 0;
  u32 sum    = 0;
  u16 result = 0;

  //平滑滤波
  for(i = 0; i < sizeof(s_arrGrumeAdc) / sizeof(u16) - 1; i++)
  {
    s_arrGrumeAdc[i] = s_arrGrumeAdc[i + 1];
  }
  s_arrGrumeAdc[i] = adc;

  //计算平均值
  sum = 0;
  for(i = 0; i < sizeof(s_arrGrumeAdc) / sizeof(u16); i++)
  {
    sum += s_arrGrumeAdc[i];
  }
```

```
    result = (u16)(sum / (sizeof(s_arrGrumeAdc) / sizeof(u16)));

    return result;
}
```

在 Grume.c 文件的"API 函数实现"区添加 API 函数 InitGrume 的实现代码，如程序清单 14-10 所示。InitGrume 函数通过调用 ResetFiltering 函数初始化平滑滤波缓冲区 s_arrGrumeAdc。

程序清单 14-10

```
void InitGrume(void)
{
    ResetFiltering();
}
```

在 Grume.c 文件的"API 函数实现"区添加 API 函数 GetGrumeResult 的实现，如程序清单 14-11 所示。GetGrumeResult 函数首先对 ADC 检测进行平滑滤波，滤波后判断是否低于凝块检测阈值，若滤波后的 ADC 值低于凝块检测阈值，则表示取样针吸到了凝块。注意，每次检测到凝块后，平滑滤波缓冲区 s_arrGrumeAdc 都会被初始化，因此下次再调用 GetGrumeResult 获取凝块检测结果时必然是未检测到凝块。

如果需要重新设定一个凝块检测阈值，可以在这个函数中使用 printf 语句将检测结果的 ADC 值在串口上打印出来，通过比较吸入液体和凝块时 ADC 值的范围，选取一个合适的值填入程序清单 14-5 的宏定义中。

程序清单 14-11

```
u8 GetGrumeResult(void)
{
    u16 adc = 0;

    //做平滑滤波
    adc = GetGrumeADC();
    adc = SmoothFiltering(adc);

    //判断是否检测到凝块
    if(adc < GRUME_ADC_VALUE)
    {
        ResetFiltering();
        return 1;
    }
    else
    {
        return 0;
    }
}
```

步骤 5：初始化凝块检测驱动

在 Main.c 文件的"包含头文件"区添加包含头文件 Grume.h 的代码，如程序清单 14-12 所示。

程序清单 14-12

```
#include "Grume.h"
```

在 Main.c 文件的 "内部函数实现" 区的 InitSoftware 函数中调用 InitGrume 函数初始化凝块检测驱动，如程序清单 14-13 所示。

程序清单 14-13

```
static  void  InitSoftware(void)
{
  DisableOSC32AndJTAG();      //禁用 OSC32 和 JTAG
  InitSystemStatus();         //初始化系统状态，确定 IVD 型号
  InitTask();                 //初始化时间片
  InitDbgIVD();               //初始化体外诊断调试组件模块
  InitKeyOne();               //初始化按键模块
  InitProcKeyOne();           //初始化 ProcKeyOne 模块
  InitLED();                  //初始化 LED 模块
  InitBeep();                 //初始化蜂鸣器
  InitStepMotor();            //初始化步进电机驱动
  InitOPTIC();                //初始化 OPTIC 驱动
  InitPump();                 //初始化泵阀驱动
  InitIVD4Driver();           //初始化液路凝块检测实验平台（IVD4）驱动
  InitIVD4();                 //初始化液路凝块检测实验平台（IVD4）
  InitGrume();                //初始化凝块检测驱动
}
```

步骤 6：完善 StepMotor.h 文件

在 StepMotor.h 文件的 "枚举结构体定义" 区，往 EnumMotorOpe 枚举中新添成员 MOTOR_OPE_GRUME，如程序清单 14-14 所示，表示步进电机凝块检测模式。

程序清单 14-14

```
typedef enum
{
  MOTOR_OPE_OPTIC = 0, //光耦检测
  MOTOR_OPE_STEP  = 1, //步进
  MOTOR_OPE_FREE  = 2, //自由转动
  MOTOR_OPE_GRUME = 3, //凝块检测
}EnumMotorOpe;
```

步骤 7：完善 StepMotor.c 文件

在 StepMotor.c 文件的 "包含头文件" 区添加包含头文件 Grume.h 的代码，如程序清单 14-15 所示。

程序清单 14-15

```
#include "Grume.h"
```

在 StepMotor.c 文件的 "内部函数实现" 区，完善 PWMCallBack 函数的凝块检测部分，如程序清单 14-16 所示。如此，液路凝块检测实验平台检测到凝块后将立即关闭步进电机，防止取样针堵塞。

程序清单 14-16

```
static void PWMCallBack(u8 motor)
{
  StructMotorProc* stepMotor = NULL;

  stepMotor = GetMotor(motor);
  if (MOTOR_STATE_PROC != stepMotor->state || NULL == stepMotor)
```

```
{
  return;
}
stepMotor->stepCnt++;

//光耦
if (MOTOR_OPE_OPTIC == stepMotor->opration)
{
  //检测到光耦有效值
  if (GetOPTICValue(stepMotor->optic) == stepMotor->valid)
  {
    DisableMotor(stepMotor->motor);
    return;
  }

  //超过最大步数还没有检测到光栅（0xFFFF 表示没有限制）
  else if (stepMotor->stepCnt > stepMotor->stepMax)
  {
    DisableMotor(stepMotor->motor);
    return;
  }
}

//步进
if (MOTOR_OPE_STEP == stepMotor->opration)
{
  //达到指定步数
  if (stepMotor->stepCnt >= stepMotor->step)
  {
    DisableMotor(stepMotor->motor);
    return;
  }

  //平滑加速处理
  if (EN_SPEED == stepMotor->needSpeed)
  {
    if(0 == (stepMotor->stepCnt % stepMotor->speedNum))
    {
      //修改定时器频率
      SetTIMxFreq(stepMotor->motor, stepMotor->freq[stepMotor->speedCnt]);
      stepMotor->speedCnt++;
    }
  }
}

//凝块检测
if(MOTOR_OPE_GRUME == stepMotor->opration)
{
  //检测到凝块或达到指定步数
  if(GetGrumeResult() || stepMotor->stepCnt >= stepMotor->step)
  {
    DisableMotor(stepMotor->motor);
```

```
   return;
  }
 }
}
```

步骤 8：完善 IVD4Driver.h 文件

在 IVD4Driver.h 文件的 "API 函数声明" 区添加 API 函数 IVD4BumpGetWater 和 IVD4BumpPourWater 的声明代码，如程序清单 14-17 所示，用于控制柱塞泵取样和加样，柱塞泵取样的同时做凝块检测。

程序清单 14-17

```
void IVD4BumpGetWater(void);                          //柱塞泵取样
void IVD4BumpPourWater(void);                         //柱塞泵加样
```

步骤 9：完善 IVD4Driver.c 文件

在 IVD4Driver.c 文件的 "包含头文件" 区添加包含头文件 Grume.h 的代码，如程序清单 14-18 所示。

程序清单 14-18

```
#include "Grume.h"
```

在 IVD4Driver.c 文件的 "内部函数声明" 区添加 GetWaterCallBack 和 PourWaterCallBack 函数的声明代码，如程序清单 14-19 所示。

程序清单 14-19

```
static void GetWaterCallBack(void); //柱塞泵取样回调函数，关闭竖直方向电机，同时做凝块检测处理
static void PourWaterCallBack(void);//柱塞泵加样回调函数，关闭竖直方向电机
```

在 IVD4Driver.c 文件的 "内部函数实现" 区添加内部函数 GetWaterCallBack 的实现代码，如程序清单 14-20 所示。柱塞泵取样完毕后，首先关闭竖直方向电机，停止液面跟随，然后检查是否检测到凝块，若检测到凝块，则将 s_iDriverState 状态设为 IVD4_DRIVER_FAIL。根据 s_iDriverState 的状态可以确定是否检测到凝块。检测到凝块之后应立即将已吸取的液体排出，并清洗取样针，防止取样针堵塞。

程序清单 14-20

```
static void GetWaterCallBack(void)
{
  StructMotorProc* motor = NULL;

  motor = GetMotor(IVD4_VERITCAL_MOTOR);

  //关闭竖直方向电机
  DisableMotor(motor->motor);

  //检测到凝块检测
  motor = GetMotor(IVD4_PUMP_MOTOR);
  if(motor->stepCnt < motor->step)
  {
    s_iDriverState = IVD4_DRIVER_FAIL;
    printf("IVD4Driver: Grume detected!!!\r\n");
  }
```

```
  //未检测到凝块
  else
  {
    s_iDriverState = IVD4_DRIVER_DONE;
  }
}
```

在 IVD4Driver.c 文件的"内部函数实现"区添加内部函数 PourWaterCallBack 的实现代码，如程序清单 14-21 所示。柱塞泵加样完毕后只需关闭竖直方向电机。

程序清单 14-21

```
static void PourWaterCallBack(void)
{
  StructMotorProc* motor = NULL;

  motor = GetMotor(IVD4_VERITCAL_MOTOR);
  s_iDriverState = IVD4_DRIVER_DONE;

  //关闭竖直方向电机
  DisableMotor(motor->motor);
}
```

在 IVD4Driver.c 文件的"API 函数实现"区添加 API 函数 IVD4BumpGetWater 的实现代码，如程序清单 14-22 所示，柱塞泵取样的同时做凝块检测。

程序清单 14-22

```
void IVD4BumpGetWater(void)
{
  StructMotorProc* motor = NULL;

  if (IsNIdle())
  {
    return;
  }
  s_iDriverState = IVD4_DRIVER_BUSY;

  //关闭所有电机
  DisableAllMotor();

  //吸管向下运动
  motor = GetMotor(IVD4_VERITCAL_MOTOR);
  motor->state     = MOTOR_STATE_IDLE;            //空闲
  motor->opration  = MOTOR_OPE_FREE;              //自由运行，需要在柱塞泵电机回调函数中停止
  motor->speed     = IVD4_VERITCAL_ADPT_DOWN_SPEED; //速度
  motor->dir       = IVD4_VERITCAL_DOWN;          //向下
  motor->callBack  = NULL;                        //不需要回调
  EnableMotor(motor->motor);                      //启动电机

  //取样
  motor = GetMotor(IVD4_PUMP_MOTOR);
  motor->state     = MOTOR_STATE_IDLE; //空闲
  motor->opration  = MOTOR_OPE_GRUME;  //凝块检测
  motor->speed     = IVD4_PUMP_SPEED;  //速度
```

```
motor->dir        = IVD4_GET_WATER ;    //取样
motor->step       = IVD4_WATER_STEP;    //步数
motor->callBack   = GetWaterCallBack;   //回调函数
EnableMotor(motor->motor);              //启动电机
}
```

在 IVD4Driver.c 文件的"API 函数实现"区添加 API 函数 IVD4BumpPourWater 的实现代码，如程序清单 14-23 所示。柱塞泵排水时不需要做凝块检测。

程序清单 14-23

```
void IVD4BumpPourWater(void)
{
  StructMotorProc* motor = NULL;

  if (IsNIdle())
  {
    return;
  }
  s_iDriverState = IVD4_DRIVER_BUSY;

  //关闭所有电机
  DisableAllMotor();

  //吸管向上运动
  motor = GetMotor(IVD4_VERITCAL_MOTOR);
  motor->state    = MOTOR_STATE_IDLE;             //空闲
  motor->opration = MOTOR_OPE_FREE;               //自由运行，需要在柱塞泵电机回调函数中停止
  motor->speed    = IVD4_VERITCAL_ADPT_UP_SPEED;  //速度
  motor->dir      = IVD4_VERITCAL_UP;             //向上
  motor->callBack = NULL;                         //不需要回调
  EnableMotor(motor->motor);                      //启动电机

  //加样
  motor = GetMotor(IVD4_PUMP_MOTOR);
  motor->state    = MOTOR_STATE_IDLE;             //空闲
  motor->opration = MOTOR_OPE_OPTIC;              //光耦检测
  motor->speed    = IVD4_PUMP_SPEED;              //速度
  motor->dir      = IVD4_POUR_WATER;              //加样
  motor->optic    = IVD4_PUMP_OPTIC;              //光耦序号
  motor->valid    = IVD4_PUMP_OPTIC_VALUE;        //光耦有效值
  motor->stepMax  = 0xFFFF;                       //最大步数
  motor->callBack = PourWaterCallBack;            //回调函数
  EnableMotor(motor->motor);                      //启动电机
}
```

步骤 10：完善 IVD4Device.h 文件

在 IVD4Device.h 文件的"枚举结构体定义"区的 EnumIVD4Task 枚举中，新添成员 IVD4_STATE_CLEAN，如程序清单 14-24 所示。柱塞泵在取样过程中若检测到凝块，应前往清洗台清洗取样针。

程序清单 14-24

```
typedef enum
{
```

```
    IVD4_STATE_IDLE  = 0, //空闲状态
    IVD4_STATE_INIT  = 1, //初始化设备
    IVD4_STATE_TASK1 = 2, //凝块检测任务
    IVD4_STATE_CLEAN = 3, //清洗取样针任务
}EnumIVD4Task;
```

在 IVD4Device.h 文件的"API 函数声明"区添加 API 函数 IVD4CleanNeedle 的声明代码，如程序清单 14-25 所示。IVD4CleanNeedle 用于在检测到凝块后执行清洗取样针任务。

程序清单 14-25

```
void IVD4CleanNeedle(void); //清洗取样针
```

步骤 11：完善 IVD4Device.c 文件

在 IVD4Device.c 文件"内部变量"区的任务步骤列表 s_arrInitStep[]中，添加取样针内外壁清洗等步骤，避免上一次实验的凝块残留或设备存放过程中积灰干扰正常液体的检测，如程序清单 14-26 所示。

程序清单 14-26

```
//初始化任务
static StructIVD4StepList s_arrInitStep[] =
{
  {IVD4VeritcalHome    , 0, NULL           , NULL, NULL}, //竖直归位
  {IVD4VeritcalAdjust  , 0, NULL           , NULL, NULL}, //竖直位置修正
  {IVD4HonrizonHome    , 0, NULL           , NULL, NULL}, //水平归位
  {IVD4DiskHome        , 0, NULL           , NULL, NULL}, //反应盘归位
  //清洗内、外壁
  {IVD4GotoPosition    , 1, IVD4_GOTO_WASH, NULL, NULL}, //前往清洗台
  {IVD4ValueOff        , 0, NULL           , NULL, NULL}, //关闭电磁阀
  {IVD4CleanOutwall    , 0, NULL           , NULL, NULL}, //清洗外壁
  {IVD4VeritcalHome    , 0, NULL           , NULL, NULL}, //竖直归位
  {IVD4VeritcalAdjust  , 0, NULL           , NULL, NULL}, //竖直位置修正
  {IVD4ValueOn         , 0, NULL           , NULL, NULL}, //打开电磁阀
  {IVD4CleanInwall     , 0, NULL           , NULL, NULL}, //清洗内壁
  {IVD4ValueOff        , 0, NULL           , NULL, NULL}, //关闭电磁阀
};
static StructIVD4TaskProc s_structInitProc =
{
  .nextTask = IVD4_STATE_IDLE,                                    //默认下一个任务为空闲（不处理）
  .list     = s_arrInitStep,                                      //匹配任务步骤列表
  .stepCnt  = 0,                                                  //步骤计数初始化为0
  .stepNum  = sizeof(s_arrInitStep) / sizeof(StructIVD4StepList), //步骤总数
  .done     = NULL                                                //不需要回调
};
```

在 IVD4Device.c 文件"内部变量"区的任务步骤列表 s_arrTask1Step[]中，添加柱塞泵取样、加样等步骤，如程序清单 14-27 所示。其中，IVD4CleanNeedle 为柱塞泵取样步骤的出错处理函数，当 IVD4Driver 在柱塞泵取样过程中检测到凝块（取样出错）时，就会调用 IVD4CleanNeedle 函数去执行清洗取样针任务。任务执行完毕后，液路凝块检测实验平台进入空闲模式。

程序清单 14-27

```
//Task1
```

```
static StructIVD4StepList s_arrTask1Step[] =
{
  //柱塞泵吸加样
  {IVD4GotoPosition    , 1, IVD4_GOTO_DISK, NULL, NULL        }, //取样针旋转到反应盘处
  {IVD4LiquidTest      , 0, NULL          , NULL, NULL        }, //液面检测
  {IVD4BumpGetWater    , 0, NULL          , NULL, IVD4CleanNeedle}, //柱塞泵取样
  {IVD4BumpPourWater   , 0, NULL          , NULL, NULL        }, //柱塞泵加样

  //竖直归位
  {IVD4VeritcalHome    , 0, NULL          , NULL, NULL        }, //竖直归位
  {IVD4VeritcalAdjust  , 0, NULL          , NULL, NULL        }, //竖直位置修正

  //水平归位
  {IVD4HonrizonHome    , 0, NULL          , NULL, NULL        }, //水平归位
};
static StructIVD4TaskProc s_structTask1Proc =
{
  .nextTask = IVD4_STATE_IDLE,                                  //默认下一个任务为空闲（不处理）
  .list     = s_arrTask1Step,                                   //匹配任务步骤列表
  .stepCnt  = 0,                                                //步骤计数初始化为 0
  .stepNum  = sizeof(s_arrTask1Step) / sizeof(StructIVD4StepList), //步骤总数
  .done     = NULL                                              //不需要回调
};
```

在 IVD4Device.c 文件的"内部变量"区添加清洗取样针任务，如程序清单 14-28 所示，清理取样针任务完毕后，液路凝块检测实验平台进入空闲模式。

程序清单 14-28

```
//清洗取样针任务
static StructIVD4StepList s_arrCleanStep[] =
{
  {IVD4BumpPourWater   , 0, NULL          , NULL, NULL}, //柱塞泵加样
  {IVD4VeritcalHome    , 0, NULL          , NULL, NULL}, //竖直归位
  {IVD4VeritcalAdjust  , 0, NULL          , NULL, NULL}, //竖直位置修正

  //清洗内、外壁
  {IVD4GotoPosition    , 1, IVD4_GOTO_WASH, NULL, NULL}, //前往清洗台
  {IVD4ValueOff        , 0, NULL          , NULL, NULL}, //关闭电磁阀
  {IVD4CleanOutwall    , 0, NULL          , NULL, NULL}, //清洗外壁
  {IVD4VeritcalHome    , 0, NULL          , NULL, NULL}, //竖直归位
  {IVD4VeritcalAdjust  , 0, NULL          , NULL, NULL}, //竖直位置修正
  {IVD4ValueOn         , 0, NULL          , NULL, NULL}, //打开电磁阀
  {IVD4CleanInwall     , 0, NULL          , NULL, NULL}, //清洗内壁
  {IVD4ValueOff        , 0, NULL          , NULL, NULL}, //关闭电磁阀
};
static StructIVD4TaskProc s_structCleanProc =
{
  .nextTask = IVD4_STATE_IDLE,                                  //默认下一个任务为空闲（不处理）
  .list     = s_arrCleanStep,                                   //匹配任务步骤列表
  .stepCnt  = 0,                                                //步骤计数初始化为 0
  .stepNum  = sizeof(s_arrCleanStep) / sizeof(StructIVD4StepList), //步骤总数
  .done     = NULL                                              //不需要回调
};
```

在 IVD4Device.c 文件的"API 函数实现"区完善 IVD4Proc 函数内容，如程序清单 14-29 所示。

程序清单 14-29

```
void IVD4Proc(void)
{
  switch (s_iDeviceState)
  {
  case IVD4_STATE_IDLE:
    IVD4ClearDriverFlag(); //清除驱动标志位
    break;
  case IVD4_STATE_INIT:
    IVDTaskProc(&s_structInitProc);
    break;
  case IVD4_STATE_TASK1:
    IVDTaskProc(&s_structTask1Proc);
    break;
  case IVD4_STATE_CLEAN:
    IVDTaskProc(&s_structCleanProc);
  break;
  default:
    //Nothing
    break;
  }
}
```

在 IVD4Device.c 文件的"API 函数实现"区添加 IVD4CleanNeedle 函数的实现代码，如程序清单 14-30 所示。当液路凝块检测实验平台检测到凝块后将自动执行清洗取样针任务。

程序清单 14-30

```
void IVD4CleanNeedle(void)
{
  //执行清洗取样针任务
  s_structCleanProc.stepCnt = 0;
  s_iDeviceState = IVD4_STATE_CLEAN;
}
```

步骤 12：编译及下载验证

代码编写完成并编译成功后，将拨码开关拨至"11"，编号为 IVD4 的橙色发光二极管亮起，表示当前体外诊断实验平台为液路凝块检测实验平台。然后，通过 Keil μVision5 软件将程序下载到体外诊断控制板的 STM32 微控制器中。下载完成后，通过控制板上的独立按键控制液路凝块检测实验平台。

将试管放在反应盘上，里面装有液体或凝块，按下 KEY1 按键进行校准及实验前的内外壁清洗。按下 KEY2 按键，液路凝块检测实验平台执行凝块检测任务。注意，应定时更换清洗瓶内液体，如果清洗瓶内液体过于浑浊，可能会干扰凝块检测的结果。

拓 展 设 计

表 14-28 给出了凝块检测实验平台关键位置间的大致步数，利用 DbgIVD 调试组件的 DbgMoterHome 和 DbgMotorStep 调试函数，测量出这些位置间的精确步数并填入表 14-28 中。

表 14-28　凝块检测实验平台关键位置间的步数

描　述	大 致 步 数	精 确 步 数
取样针从水平光耦到清洗台的步数	0	
取样针从水平光耦到反应盘取样试管的步数	2650	
反应盘转动一支试管间距的步数	560	

在凝块检测的基础上添加蜂鸣器警报功能，液路凝块检测实验平台（IVD4）检测到凝块后蜂鸣器发出警报，然后执行清洗取样针任务。

思 考 题

1．液路凝块检测实验平台在使用过程中有哪些注意事项？

2．凝块检测的作用是什么？

3．简述凝块检测的原理。

4．凝块检测电路使用了一个仪表运放芯片，简单描述什么是仪表运放电路？

5．微控制器是怎样区分凝块与液体的？

第15章 液路凝块检测

凝块检测广泛应用于临床检验过程中，当待测样品为血液时，既有可能是全血，也有可能是血清，血清是由全血离心得到的。全血检测的优势在于不需要离心，操作简单，检测速度快。但是全血在采样、保存或运输过程中可能会出现血凝，当取样针吸到凝块时可能造成取样针堵塞。取样针在取样过程中实时做凝块检测能有效避免吸到凝块，降低仪器故障率。本章将结合凝块检测模块、液面检测模块、柱塞泵、步进电机和光耦，设计液路凝块检测程序，实现采样过程中实时检测样品是否为凝块，若样品为凝块，则立即清洗取样针。

15.1 设计思路

15.1.1 液路凝块检测工程结构

如图 15-1 所示为液路凝块检测综合实验的工程结构，该实验使用 F103 基准工程的框架，以及步进电机控制和柱塞泵控制中的 StepMotor 模块、光耦检测和液面检测中的 OPTIC 模块、微型泵控制和电磁阀控制中的 Pump 模块及凝块检测中的 Grume 模块，这些模块根据本章的要求进行了相应的改动。此外，该实验使用 IVD4Device 模块和 IVD4Driver 模块对液路凝块检测实验平台进行控制。

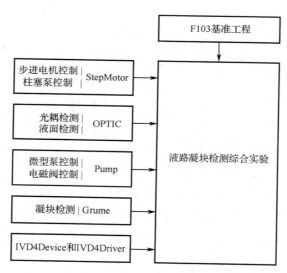

图 15-1　液路凝块检测综合实验工程结构

15.1.2 初始化任务流程

液路凝块检测初始化任务流程与凝块检测的一致，可以参考 14.2.3 节。

15.1.3 液路凝块检测流程

液路凝块检测流程如图 15-2 所示。柱塞泵在取样过程中若检测到凝块，则立即执行清洗取样针任务，清洗任务完成后跳转到反应盘转动这一步骤，切换下一支试管进行测试。

15.1.4　清洗取样针任务流程

清洗取样针任务流程如图 15-3 所示。清洗取样针后跳回液路凝块检测任务继续执行。

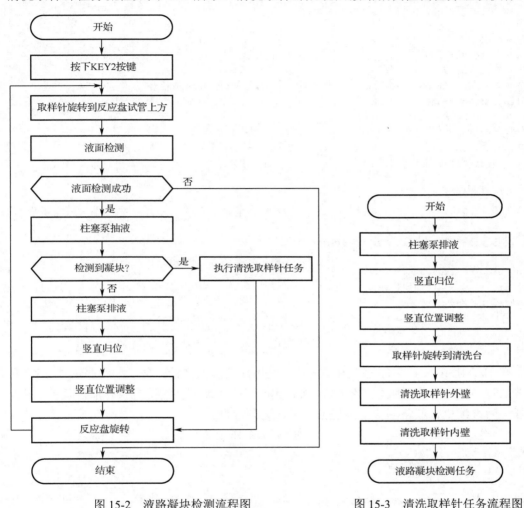

图 15-2　液路凝块检测流程图　　　　　　图 15-3　清洗取样针任务流程图

15.2　设计流程

步骤 1：复制并编译原始工程

首先，将"D:\STM32KeilTest\Material\13.液路凝块检测综合实验"文件夹复制到"D:\STM32KeilTest\Product"文件夹中。然后，双击运行"D:\STM32KeilTest\Product\13.液路凝块检测综合实验\Project"文件夹中的 STM32KeilPrj.uvprojx，参见 3.3 节步骤 1 验证原始工程，若原始工程正确，即可进入下一步操作。

步骤 2：完善 IVD4Device.c 文件

首先，将第 14 章的拓展设计中测出的各项步数填入 IVD4Driver.h "宏定义"区的对应位置。然后，在 IVD4Device.c 文件的"内部变量"区往任务步骤列表 s_arrTask1Step[]中添加液路凝块检测综合实验步骤,如程序清单 15-1 所示。柱塞泵在取样过程中若检测到凝块,则调用 IVD4CleanNeedle 函数清洗取样针。

程序清单 15-1

```
//Task1
static StructIVD4StepList s_arrTask1Step[] =
{
  //柱塞泵吸加样
  {IVD4GotoPosition    , 1, IVD4_GOTO_DISK, NULL, NULL              }, //取样针旋转到反应盘处
  {IVD4LiquidTest      , 0, NULL          , NULL, NULL              }, //液面检测
  {IVD4BumpGetWater    , 0, NULL          , NULL, IVD4CleanNeedle}, //柱塞泵取样
  {IVD4BumpPourWater   , 0, NULL          , NULL, NULL              }, //柱塞泵加样

  //竖直归位
  {IVD4VeritcalHome    , 0, NULL          , NULL, NULL              }, //竖直归位
  {IVD4VeritcalAdjust  , 0, NULL          , NULL, NULL              }, //竖直位置修正

  //反应盘旋转
  {IVD4DiskSpin        , 0, NULL          , NULL, NULL              }, //反应盘旋转,切换试管
};
static StructIVD4TaskProc s_structTask1Proc =
{
  .nextTask = IVD4_STATE_TASK1,                                      //循环执行
  .list     = s_arrTask1Step,                                       //匹配任务步骤列表
  .stepCnt  = 0,                                                    //步骤计数初始化为 0
  .stepNum  = sizeof(s_arrTask1Step) / sizeof(StructIVD4StepList), //步骤总数
  .done     = NULL                                                  //不需要回调
};
```

在 IVD4Device.c 文件的"内部变量"区添加清洗取样针任务,如程序清单 15-2 所示。清洗试管之前应先将已吸取的液体/凝块排出,然后才能前往清洗台执行清洗任务。执行完清洗任务后继续执行液路凝块检测任务即可,无须回调。

程序清单 15-2

```
//清洗取样针任务
static StructIVD4StepList s_arrCleanStep[] =
{
  {IVD4BumpPourWater  , 0, NULL          , NULL, NULL}, //柱塞泵加样
  {IVD4VeritcalHome   , 0, NULL          , NULL, NULL}, //竖直归位
  {IVD4VeritcalAdjust , 0, NULL          , NULL, NULL}, //竖直位置修正

  //清洗内、外壁
  {IVD4GotoPosition   , 1, IVD4_GOTO_WASH, NULL, NULL}, //前往清洗台
  {IVD4ValueOff       , 0, NULL          , NULL, NULL}, //关闭电磁阀
  {IVD4CleanOutwall   , 0, NULL          , NULL, NULL}, //清洗外壁
  {IVD4VeritcalHome   , 0, NULL          , NULL, NULL}, //竖直归位
  {IVD4VeritcalAdjust , 0, NULL          , NULL, NULL}, //竖直位置修正
  {IVD4ValueOn        , 0, NULL          , NULL, NULL}, //打开电磁阀
  {IVD4CleanInwall    , 0, NULL          , NULL, NULL}, //清洗内壁
  {IVD4ValueOff       , 0, NULL          , NULL, NULL}, //关闭电磁阀
};
static StructIVD4TaskProc s_structCleanProc =
```

```
{
  .nextTask = IVD4_STATE_TASK1,                                //继续执行液路凝块检测任务
  .list     = s_arrCleanStep,                                  //匹配任务步骤列表
  .stepCnt  = 0,                                               //步骤计数初始化为 0
  .stepNum  = sizeof(s_arrCleanStep) / sizeof(StructIVD4StepList), //步骤总数
  .done     = NULL                                             //不需要回调
};
```

在 IVD4Device.c 文件的"API 函数实现"区完善 IVD4Proc 函数内容，如程序清单 15-3 所示。

程序清单 15-3

```
void IVD4Proc(void)
{
  switch (s_iDeviceState)
  {
  case IVD4_STATE_IDLE:
    IVD4ClearDriverFlag(); //清除驱动标志位
    break;
  case IVD4_STATE_INIT:
    IVDTaskProc(&s_structInitProc);
    break;
  case IVD4_STATE_TASK1:
    IVDTaskProc(&s_structTask1Proc);
    break;
  case IVD4_STATE_CLEAN:
    IVDTaskProc(&s_structCleanProc);
    break;
  default:
    //Nothing
    break;
  }
}
```

在 IVD4Device.c 文件的"API 函数实现"区完善 IVD4CleanNeedle 函数内容，如程序清单 15-4 所示。执行清洗任务之前，先将液路凝块检测任务的步骤计数加 4，这样当清洗任务执行完毕自动切换回液路凝块检测任务时，任务将从转动反应盘这一步骤开始执行。

程序清单 15-4

```
void IVD4CleanNeedle(void)
{
  //液路凝块检测任务跳到反应盘转动步骤
  s_structTask1Proc.stepCnt = s_structTask1Proc.stepCnt + 4;

  //执行取样针清洗任务
  s_structCleanProc.stepCnt = 0;
  s_iDeviceState = IVD4_STATE_CLEAN;
}
```

步骤 3：编译及下载验证

代码编写完成并编译成功后，将拨码开关拨至"11"，编号为 IVD4 的橙色发光二极管亮起，表示当前体外诊断实验平台为液路凝块检测实验平台。然后，通过 Keil μVision5 软件将

程序下载到体外诊断控制板的 STM32 微控制器中。下载完成后,通过控制板上的独立按键控制液路凝块检测实验平台。

将试管放在反应盘上,里面装有液体或凝块,按下 KEY1 按键进行校准和实验前的内外壁清洗。按下 KEY2 按键,液路凝块检测实验平台执行设计的任务。在液路凝块检测中,液路凝块检测实验平台依次检测反应盘上的试管,检测到试管内为水时,柱塞泵吸取液体;检测到凝块时,控制取样针前往清洗台进行清洗;液面过低时自动停下,进入空闲模式。

拓 展 设 计

在液路凝块检测的基础上添加液面检测失败处理功能,实现液面检测失败后液路凝块检测实验平台(IVD4)自动切换至下一支试管继续检测。

思 考 题

1. 结合液路凝块检测设计,简述凝块检测的作用,并举例说明其在体外诊断仪器中有哪些应用。

2. 取样针向上复位校准后,为什么还要再向上步进 200 步?

3. 在检测到凝块后,为什么要进行一次内外壁清洗?

4. 根据本书所学的内容,简述 4 个体外诊断实验平台分别具备哪些模块,每个模块实现了哪些功能,模块之间是如何相互配合进行工作的。

附录 A　本书配套的资料包介绍

本书配套的资料包名称为"体外诊断仪器开发——基于 STM32"（可通过微信公众号"卓越工程师培养系列"提供的链接获取），为了保持与本书实验步骤的一致性，建议将资料包复制到计算机的 D 盘："D:\体外诊断仪器开发——基于 STM32"。资料包由若干个文件夹组成，如表 A-1 所示。

表 A-1　本书配套资料包清单

序　号	文 件 夹 名	文件夹介绍
1	入门资料	学习 IVD 系统设计相关的入门资料
2	相关软件	本书使用到的软件，如 MDK5.20、SSCOM 串口助手、ST-Link 驱动、CH340 驱动等
3	原理图	体外诊断控制板的 PDF 版原理图
4	例程资料	IVD 系统设计所有实验的例程资料和演示程序，读者根据这些例程开展各个实验和进行实验平台的演示
5	PPT 讲义	每个章节的 PPT 讲义
6	视频资料	本书配套的视频资料
7	数据手册	体外诊断控制板所使用到的元器件的数据手册，便于读者进行查阅
8	软件资料	本书使用到的软件设计规范，《软件设计规范（C 语言版）》等
9	硬件资料	STM32F103 系列微控制器开发相关文档，如《STM32 中文参考手册（中文版）》《STM32 中文参考手册（英文版）》《ARM Cortex-M3 权威指南（中文版）》《ARM Cortex-M3 权威指南（英文版）》《STM32 固件库使用手册（中文版）》《STM32F10x 闪存编程手册（中文版）》《STM32F103RCT6 芯片手册（英文版）》

附录 B　体外诊断控制板原理图

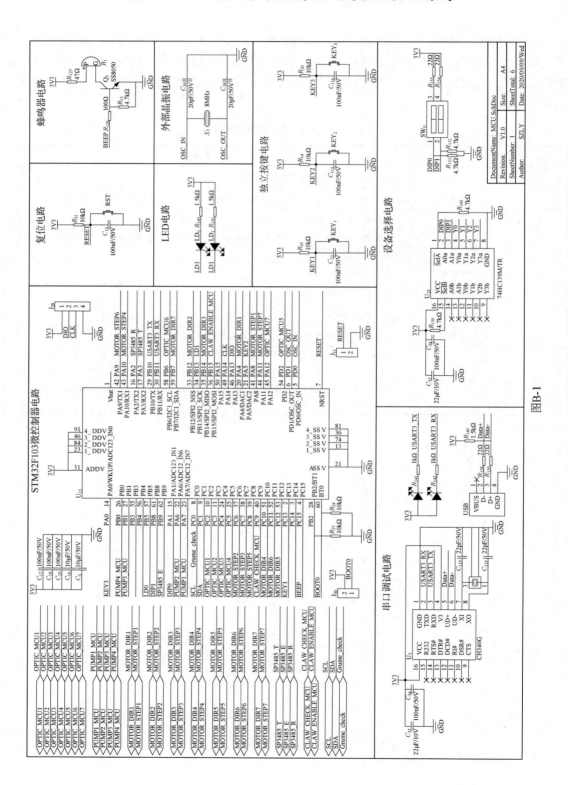

图 B-1

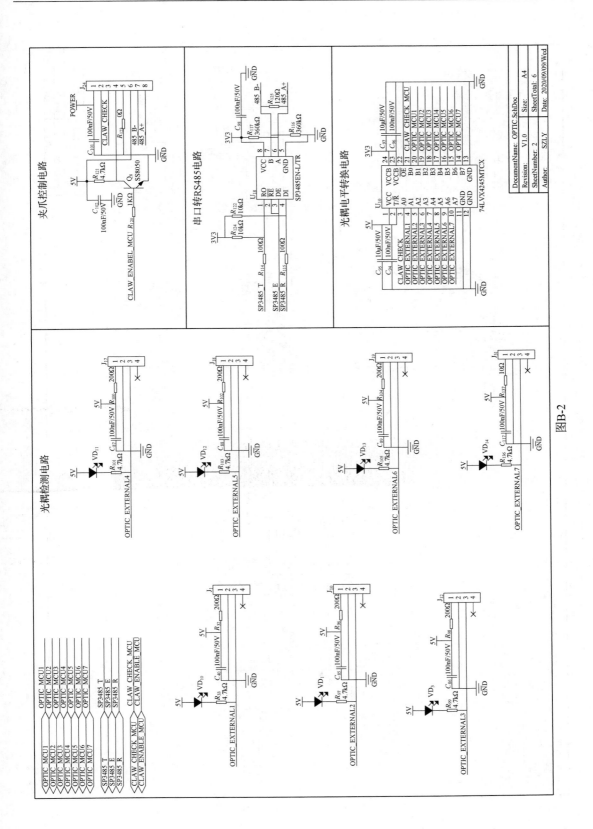

图B-2

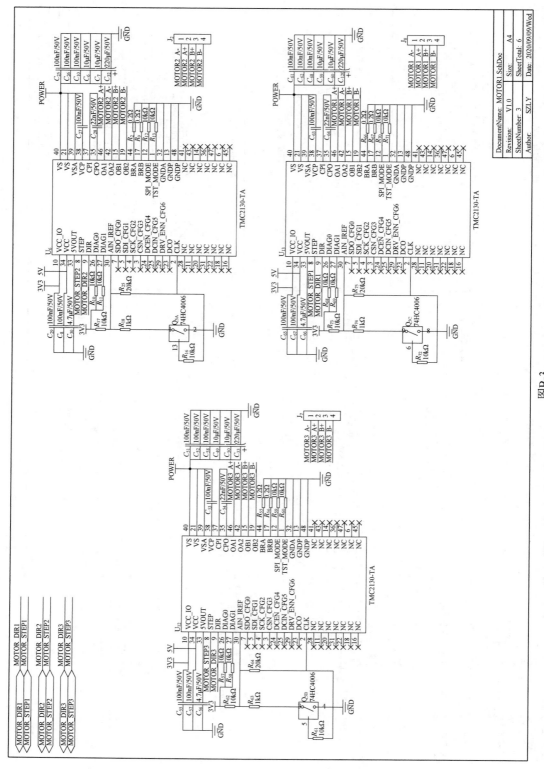

图B-3

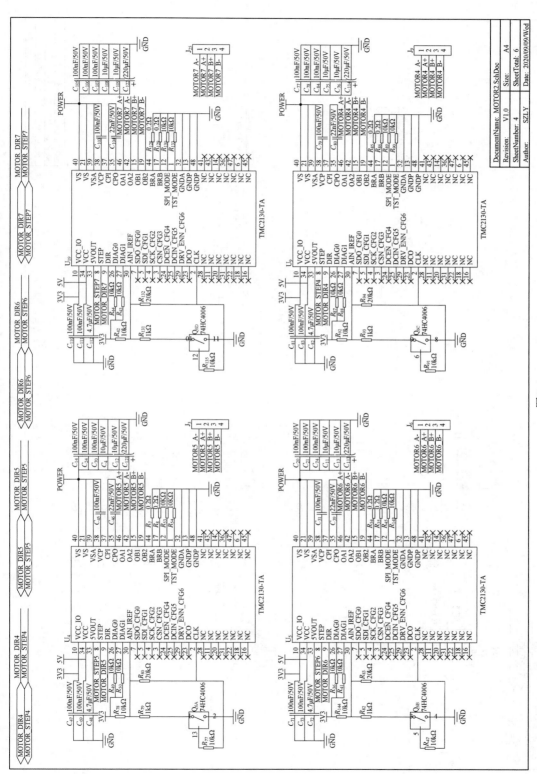

图B-4

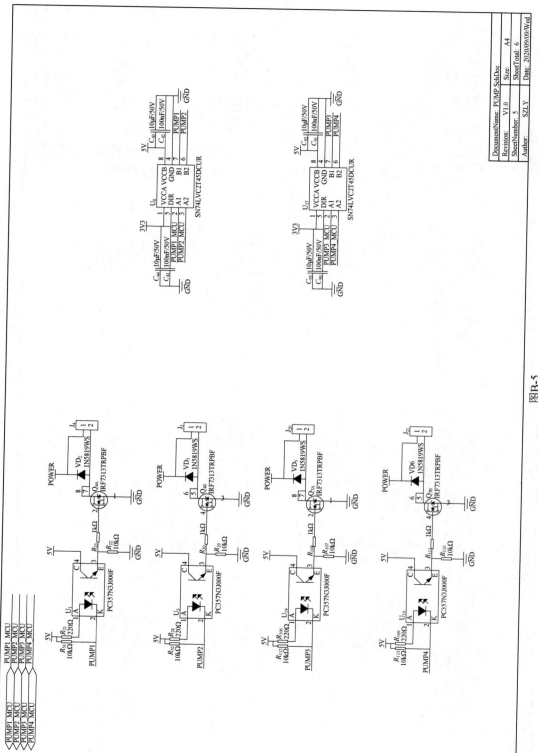

图B-5

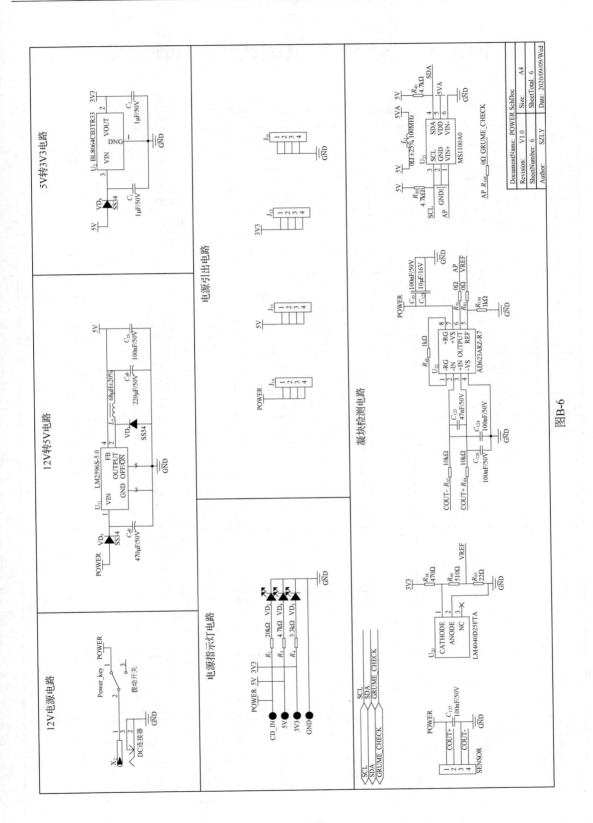

图 B-6

附录 C STM32F103RCT6 引脚定义

表 C-1 STM32F103RCT6 引脚定义

引脚序号	引 脚 名	类型	I/O结构	复位后主功能	复 用 功 能 默 认	重 映 射
1	Vbat	S		V_{BAT}		
2	PC13-TAMPER-RTC	I/O		PC13	TAMPER-RTC	
3	PC14-OSC32_IN	I/O		PC14	OSC32_IN	
4	PC15-OSC32_OUT	I/O		PC15	OSC32_OUT	
5	OSC_IN	I		OSC_IN		
6	OSC_OUT	O		OSC_OUT		
7	NRST	I/O		NRST		
8	PC0	I/O		PC0	ADC123_IN10	
9	PC1	I/O		PC1	ADC123_IN11	
10	PC2	I/O		PC2	ADC123_IN12	
11	PC3	I/O		PC3	ADC123_IN13	
12	V_{SSA}	S		V_{SSA}		
13	V_{DDA}	S		V_{DDA}		
14	PA0-WKUP	I/O		PA0	WKUP/ USART2_CTS/ ADC123_IN0/ TIM2_CH1_ETR/ TIM5_CH1/ TIM8_ETR	
15	PA1	I/O		PA1	USART2_RTS/ ADC123_IN1/ TIM5_CH2/ TIM2_CH2	
16	PA2	I/O		PA2	USART2_TX/ TIM5_CH3/ ADC123_IN2/ TIM2_CH3	
17	PA3	I/O		PA3	USART2_RX/ TIM5_CH4/ ADC123_IN3/ TIM2_CH4	
18	V_{SS_4}	S		V_{SS_4}		
19	V_{DD_4}	S		V_{DD_4}		
20	PA4	I/O		PA4	SPI1_NSS/ USART2_CK/ DAC_OUT1/ ADC12_IN4	

续表

引脚序号	引 脚 名	类型	I/O结构	复位后主功能	复 用 功 能	
					默　认	重　映　射
21	PA5	I/O		PA5	SPI1_SCK/ DAC_OUT2/ ADC12_IN5	
22	PA6	I/O		PA6	SPI1_MISO/ TIM8_BKIN/ ADC12_IN6/ TIM3_CH1	TIM_BKIN
23	PA7	I/O		PA7	SPI1_MOSI/ TIM8_CH1N/ ADC12_IN7/ TIM3_CH2	TIM_CH1N
24	PC4	I/O		PC4	ADC12_IN14	
25	PC5	I/O			ADC12_IN15	
26	PB0	I/O			ADC12_IN8/ TIM3_CH3/ TIM8_CH2N	TIM1_CH2N
27	PB1	I/O			ADC12_IM9/ TIM3_CH4/ TIM8_CH3N	TIM1_CH3N
28	PC2	I/O	FT	PC2/ BOOT1		
29	PB10	I/O	FT	PB10	I2C2_SCL/ USART3_TX	TIM2_CH3
30	PB11	I/O	FT	PB11	I2C2_SDA/ USART3_RX	TIM2_CH4
31	V_{SS_1}	S		V_{SS_1}		
32	V_{DD_1}	S		V_{DD_1}		
33	PB12	I/O	FT	PB12	SPI2_NSS/ I2S2_WS/ I2C2_SMBA/ USART3_CK/ TIM1_BKIN	
34	PB13	I/O	FT	PB13	SPI2_SCK/ I2S2_CK/ USART3_CTS/ TIM1_CH1N	
35	PB14	I/O	FT	PB14	SPI2_MISO/ TIM1_CH2N/ USART3_RTS	
36	PB15	I/O	FT	PB15	SPI2_MOSI/ I2S2_SD/ TIM1_CH3N	

引脚序号	引脚名	类型	I/O结构	复位后主功能	复用功能	
					默认	重映射
37	PC6	I/O	FT	PC6	I2S2_MCK/ TIM8_CH1/ SDIO_D6	TIM3_CH1
38	PC7	I/O	FT	PC7	I2S3_MCK/ TIM8_CH2/ SDIO_D7	TIM3_CH2
39	PC8	I/O	FT	PC8	TIM8_CH3/ SDIO_D0	TIM3_CH3
40	PC9	I/O	FT	PC9	TIM8_CH4/ SDIO_D1	TIM3_CH4
41	PA8	I/O	FT	PA8	USART1_CK/ TIM1_CH1/ MCO	
42	PA9	I/O	FT	PA9	USART1_TX/ TIM1_CH2	
43	PA10	I/O	FT	PA10	USART1_RX/ TIM1_CH3	
44	PA11	I/O	FT	PA11	USART1_RTS/ USBDM/ CAN_RX/ TIM1_CH4	
45	PA12	I/O	FT	PA12	USART1_RTS/ USBDP/ CAN_TX/ TIM1_ETR	
46	PA13	I/O	FT	JTMS-SWDIO		PA13
47	V_{SS_2}	S		V_{SS_2}		
48	V_{DD_2}	S		V_{DD_2}		
49	PA14	I/O	FT	JTCK-SWCLK		PA14
50	PA15	I/O	FT	JTDI	SPI3_NSS/ I2S3_WS	TIM2_CH1_ETR/ PA15/ SPI1_NSS
51	PC10	I/O	FT	PC10	UART4_TX/ SDIO_D2	USART3_TX
52	PC11	I/O	FT	PC11	UART4_RX/ SDIO_D3	USART3_RX
53	PC12	I/O	FT	PC12	UART5_TX/ SDIO_CK	USART3_CK
5	PD0	I/O	FT	OSC_IN	FSMC_D2	CAN_RX
6	PD1	I/O	FT	OSC_OUT	FSMC_D3	CAN_TX
54	PD2	I/O	FT	PD2	TIM3_ETR/ UART5_RT/ SDIO_CMD	

引脚序号	引 脚 名	类型	I/O结构	复位后主功能	复 用 功 能	
					默　认	重　映　射
55	PB3	I/O	FT	JTDO	SPI3_SCK/ I2S3_CK	PB3/ TRACESWO TIM2_CH2/ SPI1_SCK
56	PB4	I/O	FT	NJTRST	SPI3_MISO	PB4/ TIM3_CH1 SPI1_MISO
57	PB5	I/O		PB5	I2C1_SMBA/ SPI3_MOSI/ I2S3_SD	TIM3_CH2/ SPI1_MOSI
58	PB6	I/O	FT	PB6	I2C1_SCL/ TIM4_CH1	USART_TX
59	PB7	I/O	FT	PB7	I2C1_SDA/ FSMC_NADV/ TIM4_CH2	USART1_RX
60	BOOT0	I		BOOT0		
61	PB8	I/O	FT	PB8	TIM4_CH3/ SDIO_D4	I2C1_SCL/ CAN_RX
62	PB9	I/O	FT	PB9	TIM4_CH4/ SDIO_D5	I2C1_SDA/ CAN_TX
63	V_{SS_3}	S		V_{SS_3}		
64	V_{DD_3}	S		V_{DD_3}		

附录 D　体外诊断实验平台端口分配

表 D-1　液面检测与移液实验平台（IVD1）端口分配表

端口	J_{25}	J_6	J_3	J_9	J_7	J_2	J_8
电机					水平电机	竖直电机	柱塞泵
端口	J_{19}	J_{18}	J_{17}	J_{12}	J_{10}	J_1	J_{31}
光耦			柱塞泵光耦		水平光耦	竖直光耦	液面检测

表 D-2　直线加样与液路清洗实验平台（IVD2）端口分配表

端口	J_{25}	J_6	J_3	J_9	J_7	J_2	J_8
电机					水平电机	竖直电机	柱塞泵
端口	J_{19}	J_{18}	J_{17}	J_{12}	J_{10}	J_1	J_{31}
光耦			柱塞泵光耦		水平光耦	竖直光耦	液面检测
端口	PUMP1		PUMP2		PUMP3		PUMP4
泵阀	电磁阀				旋转泵		隔膜泵

表 D-3　全自动移液移杯实验平台（IVD3）端口分配表

端口	J_{25}	J_6	J_3	J_9	J_7	J_2	J_8
电机	X 轴电机	Z 轴电机	反应盘电机	Y 轴电机	水平电机	竖直电机	
端口	J_{19}	J_{18}	J_{17}	J_{12}	J_{10}	J_1	J_{31}
光耦	Z 轴光耦	X 轴光耦	Y 轴光耦	反应盘光耦	水平光耦	竖直光耦	

表 D-4　液路凝块检测实验平台（IVD4）端口分配表

端口	J_{25}	J_6	J_3	J_9	J_7	J_2	J_8
电机				反应盘电机	水平电机	竖直电机	柱塞泵
端口	J_{19}	J_{18}	J_{17}	J_{12}	J_{10}	J_1	J_{31}
光耦			柱塞泵光耦	反应盘光耦	水平光耦	竖直光耦	液面检测
端口	PUMP1		PUMP2		PUMP3		PUMP4
泵阀	电磁阀				旋转泵		隔膜泵

表 D-5　体外诊断控制板端口定义表

端口	J_{25}	J_6	J_3	J_9	J_7	J_2	J_8
电机	Motor7	Motor6	Motor5	Motor4	Motor3	Motor2	Motor1
端口	J_{19}	J_{18}	J_{17}	J_{12}	J_{10}	J_1	J_{31}
光耦	OPTIC6	OPTIC5	OPTIC4	OPTIC3	OPTIC2	OPTIC1	OPTIC7

附录 E C 语言软件设计规范（LY-STD001-2019）

该规范是由深圳市乐育科技有限公司于 2019 年发布的 C 语言软件设计规范，版本为 LY-STD001-2019。该规范详细介绍了 C 语言的书写规范，包括排版、注释、命名规范等，给出了 C 文件模板和 H 文件模板，并对这两个模板进行了详细的说明。按照规范编写程序，可以使程序代码更加规范和高效，对代码的理解和维护起到至关重要的作用。

E.1 排版

（1）程序块采用缩进风格编写，缩进 2 个空格。对于由开发工具自动生成的代码可以不一致。

（2）须将 Tab 键设定为 2 个空格，以免用不同的编辑器阅读程序时，因 Tab 键所设置的空格数目不同而造成程序布局不整齐。对于由开发工具自动生成的代码可以不一致。

（3）相对独立的程序块之间、变量说明之后必须加空行。

例如：

```
int tick;
int hour;
--------------------------------空行隔开--------------------------------
hour = tick / 3600;
--------------------------------空行隔开--------------------------------
if(hour >= 59)
{
    //program code
}
```

（4）不允许把多个短语句写在同一行中，即一行只写一条语句。

例如：

```
int recData1 = 0;  int recData2 = 0;
```

应该写为

```
int recData1 = 0;
int recData2 = 0;
```

（5）if、for、do、while、case、switch、default 等语句自占一行，且 if、for、do、while 等语句的执行语句部分必须加括号{}。

例如：

```
if(s_iFreqVal > 60)
return;
```

应该写为

```
if(s_iFreqVal > 60)
{
return;
}
```

（6）当两个以上的关键字、变量、常量进行对等操作时，它们之间的操作符之前、之后或前后要加空格；进行非对等操作时，如果是关系密切的立即操作符（如->），其后不加空格。

例如：

```
int a, b, c;
if(a >= b && c > d)
a = b + c;
a *= 2;
a = b ^ 2;
*p = 'a';
flag = !isEmpty;
p = &mem;
p->id = pid;
```

E.2 注释

注释是源码程序中非常重要的一部分，通常情况下规定有效的注释量不得少于20%。其原则是有助于对程序的阅读理解，所以注释语言必须准确、简明扼要。注释不宜太多也不宜太少，内容要一目了然，意思表达准确，避免有歧义。总之，必须加注释的地方一定要加，不必要的地方不加。

（1）边写代码边注释，修改代码的同时修改相应的注释，以保证注释与代码的一致性。不再有用的注释要删除。

（2）注释的内容要清楚明了、含义准确，防止注释二义性。

（3）避免在注释中使用缩写，特别是非常用的缩写。

（4）注释应考虑程序易读及外观排版的因素，使用的语言若是中、英文兼有的，建议多使用中文，除非能用非常流利、准确的英文表达。

E.3 命名规范

标识符的命名要清晰明了，有明确含义，同时使用完整的单词或容易理解的缩写，避免使人产生误解。

较短的单词可通过去掉"元音"形成缩写，较长的单词可取单词的头几个字母形成缩写；一些单词有大家公认的缩写。

例如：message 可缩写为 msg；flag 可缩写为 flg；increment 可缩写为 inc。

1. 三种常用命名方式介绍

（1）骆驼命名法（camelCase）

骆驼命令法，正如它的名称所表示的，是指混合使用大小写字母来构成变量和函数名字的方法。例如：printEmployeePayChecks()。

（2）帕斯卡命名法（PascalCase）

与骆驼命名法类似，只不过骆驼命名法是首个单词的首字母小写，后面单词首字母都大写；而帕斯卡命名法是所有单词首字母都大写，例如：public void DisplayInfo()。

（3）匈牙利命名法（Hungarian）

匈牙利命名法通过在变量名前面加上相应的小写字母的符号标识作为前缀，标识出变量的作用域、类型等。这些符号可以多个同时使用，顺序是先 m_（成员变量），再简单数据类型，再其他。例如：m_iFreq，表示整型的成员变量。匈牙利命名法的关键是，标识符的名字以一个或多个小写字母开头作为前缀；前缀之后是首字母大写的一个单词或多个单词组合，该单词要指明变量的用途。

2．函数命名（文件命名与函数命名相同）

函数名应能体现该函数完成的功能，可采用动词+名词的形式。关键部分应采用完整的单词，辅助部分若为常见的，可采用缩写，缩写应符合英文的规范。每个单词的首字母要大写。

例如：

```
AnalyzeSignal();
SendDataToPC();
ReadBuffer();
```

3．变量

（1）头文件为防止重编译，须使用类似_SET_CLOCK_H_的格式，其余地方应避免使用以下画线开始和结尾的定义。

例如：

```
#ifndef _SET_CLOCK_H_
#define _SET_CLOCK_H_
...
#end if
```

（2）常量使用宏的形式，且宏中的所有字母均为大写。

例如：

```
#define        MAX_VALUE        100
```

（3）枚举命名时，枚举类型名应按照 EnumAbcXyz 的格式，且枚举常量均为大写，不同单词之间用下画线隔开。

例如：

```
typedef enum
{
  TIME_VAL_HOUR = 0,
  TIME_VAL_MIN,
  TIME_VAL_SEC,
  TIME_VAL_MAX
}EnumTimeVal;
```

（4）结构体命名时，结构体类型名应按照 StructAbcXyz 的格式，且结构体的成员变量应采用骆驼命名法。

例如：

```
typedef struct
{
  short hour;
  short min;
  short sec;
}StructTimeVal;
```

（5）在本文档中，静态变量有两类，函数外定义的静态变量称为文件内部静态变量，函数内定义的静态变量称为函数内部静态变量。注意，文件内部静态变量均定义在"内部变量"区。这两种静态变量命名格式一致，即 s_+变量类型（小写）+变量名（首字母大写）。变量类型包括 i（整型）、f（浮点型）、arr（数组类型）、struct（结构体类型）、b（布尔型）、p（指针类型）。

例如：

```
s_iHour, s_arrADCConvertedValue[10], s_pHeartRate
```

（6）函数内部的非静态变量即为局部变量，其有效区域仅限于函数范围内，局部变量命名采用骆驼命名法，即首字母小写。

例如：

```
timerStatus, tickVal, restTime
```

（7）为了最大限度地降低模块之间的耦合，本文档不建议使用全局变量，如不得已必须使用，则按照 g_+变量类型（小写）+变量名（首字母大写）进行命名。

E.4　C 文件模板

每个 C 文件模块都由模块描述区、包含头文件区、宏定义区、枚举结构体定义区、内部变量区、内部函数声明区、内部函数实现区及 API 函数实现区组成。下面是各个模块的示例。

1. 模块描述区

```
/****************************************************************************
* 模块名称：SendDataToHost.c
* 摘    要：发送数据到主机
* 当前版本：1.0.0
* 作    者：XXX
* 完成日期：20XX 年 XX 月 XX 日
* 内    容：
* 注    意：
****************************************************************************
* 取代版本：
* 作    者：
* 完成日期：
* 修改内容：
* 修改文件：
****************************************************************************/
```

2. 包含头文件区

```
/****************************************************************************
*                          包含头文件
****************************************************************************/
#include"SampleSignal.h"
#include"AnalyzeSignal.h"
#include"ProcessSignal.h"
```

3. 宏定义区

```
/****************************************************************************
*                          宏定义
```

```
*********************************************************************/
#define  ALPHA  2048        //宏定义必须全部大写，格式为 ABC_XYZ
```

4. 枚举结构体定义区

```
/*********************************************************************
*                          枚举结构体定义
*********************************************************************/
//定义枚举
//枚举类型为 EnumTimeVal，枚举类型的命名格式为 EnumXxYy
typedef enum
{
  TIME_VAL_HOUR = 0,
  TIME_VAL_MIN,
  TIME_VAL_SEC,
  TIME_VAL_MAX
}EnumTimeVal;

//定义一个时间值结构体，包括 3 个成员变量，分别为 hour、min 和 sec
//结构体类型为 StructTimeVal，结构体类型的命名格式为 StructXxYy
typedef struct
{
  short hour;
  short min;
  short sec;
}StructTimeVal;
```

5. 内部变量区

```
/*********************************************************************
*                          内部变量
*********************************************************************/
static i16 s_iSignalSample = 0;     //信号采样值
```

6. 内部函数声明区

```
/*********************************************************************
*                          内部函数声明
*********************************************************************/
static void SampleSignalPerSec(void *pBuf);    //每隔 2ms 采样一次信号
```

7. 内部函数实现区

```
/*********************************************************************
*                          内部函数实现
*********************************************************************/
/*********************************************************************
* 函数名称：SampleSignal
* 函数功能：采样信号
* 输入参数：void
* 输出参数：void
* 返 回 值：void
* 创建日期：20XX 年 XX 月 XX 日
* 注    意：
*********************************************************************/
```

```
static void SampleSignal(void)
{
}
```

8. API 函数实现区

```
/*******************************************************************************
*                              API 函数实现
*******************************************************************************/
/*******************************************************************************
* 函数名称: Task
* 函数功能: 任务
* 输入参数: void
* 输出参数: void
* 返 回 值: void
* 创建日期: 20XX 年 XX 月 XX 日
* 注    意:
*******************************************************************************/
void Task(void)
{
}
```

E.5　H 文件模板

每个 H 文件模块都由模块描述区、包含头文件区、宏定义区、枚举结构体定义区及 API 函数声明区组成。下面是各个模块的示例。

1. 模块描述区

```
/*******************************************************************************
* 模块名称: SendDataToHost.h
* 摘    要: 发送数据到主机
* 当前版本: 1.0
* 作    者:
* 完成日期:
* 内    容:
* 注    意:
*******************************************************************************
* 取代版本:
* 作    者:
* 完成日期:
* 修改内容:
* 修改文件:
*******************************************************************************/
#ifndef _SEND_DATA_TO_PC   //注意，此行代码是必需的，防止重编译
#define _SEND_DATA_TO_PC   //注意，此行代码是必需的
```

2. 包含头文件区

```
/*******************************************************************************
*                              包含头文件
*******************************************************************************/
#include "DataType.h"
#include "Version.h"
```

3. 宏定义区

```
/*******************************************************************************
*                                宏定义
*******************************************************************************/
//参考"模块（C 文件）描述"中的"宏定义区"
```

4. 枚举结构体定义区

```
/*******************************************************************************
*                              枚举结构体定义
*******************************************************************************/
//参考"模块描述（C 文件）"中的"枚举结构体定义区"
//但是"C 文件"中定义的只能用于所在的 C 文件区
//"H 文件"中定义的既能用于所在的 H 文件、对应的 C 文件区，又能用于其他被应用的 H 文件和 C 文件区
```

5. API 函数声明区

```
/*******************************************************************************
*                               API 函数声明
*******************************************************************************/
void InitSignal(void);
#endif          //注意，此行代码是必需的，与#ifndef 对应
```

附录 F　故障排除

表 F-1　步进电机常见故障及其排查方法

序号	故障	原因	排除方法
1	电机转动方向反了	电机接口线序反了	检查电机接口线序是否正确，正常线序从左至右颜色依次为红、黄、棕、橙
2	电机运行不稳定，一直抖动且声响巨大	电机接口松动	关闭电源后，重新拔插对应电机的接口
3	电机不动且声响巨大	电机堵转	查看是否有物品挡住电机运行，亦可能是电机转动方向反了，查看在反方向是否有物品挡住电机运行
		电机接口松动	关闭电源后，重新拔插对应电机的接口
4	电机到达光耦位置后未按程序执行下一步	光耦接口松动	关闭电源后，重新拔插对应光耦的接口
		光耦接口线序不对	查看控制板对应光耦接口线序是否正确，正常线序为棕、蓝、黑、白
		光耦响应有问题	1、查看光耦器件无遮挡时是否正常发出红光；2、查看控制板对应光耦电路部分是否正常工作，正常情况下光耦无遮挡时对应 LED 亮起，有遮挡时 LED 熄灭

表 F-2　柱塞泵常见故障及其排除方法

序号	故障	原因	排除方法
1	吸不上液或吸不满	管路密封不严	检查接头处是否拧紧
		吸入管路阻塞	清洗、疏通吸入管路
		吸入阀或排出阀有杂物卡阻	清除阀杂物
2	有气泡	吸入管路漏气	寻找泄漏点并排除
		进、出口管接头密封不严	更换密封垫，旋紧管接头
		密封圈损坏	更换密封圈
		液路管径变化过多	液路管径尽量一致
3	柱塞泵无反应	光耦未触发	检查光耦接线（参考光耦接线方式）
		光耦烧坏	更换光耦
		电机线接反	电机线线序从左至右颜色依次为红、黄、棕、橙
		偶发卡死	旋转一字槽手动复位（柱塞泵底部）
4	电机过热	驱动电压过大	调整电压
		驱动电流过大	调整电流
		保持电流太大	保持电流≤额定电流 50%
5	泵运行异响	电机运行速度过高或过慢	调整电机速度至合适值
		驱动器太差	更换好的步进电机驱动器
		泵头里面有结晶物	机器运行结束后或开始前清洗

续表

序号	故　障	原　因	排 除 方 法
6	加样精度差	管路密封不严	检查接头处是否拧紧
		管路中有气泡	参考故障点 2 排除方法

表 F-3　电磁阀常见故障及其排查方法

序号	故　障	原　因	排 除 方 法
1	通电不动作	工作电压不在合格范围内	检测实际引脚电压与额定电压是否存在偏差
		连接线有松动或断线	手动检测是否接触良好，或万用表检查线路
		外部液体泄漏锈蚀电磁铁	目测，电磁阀外部是否有液体结晶或水浸痕迹
		电磁线圈过载烧坏	万用表检查
		试剂结晶粘连	加大电压启动，同时，用清水或试剂冲洗
2	密封不良	工作压力过大	检查管路压力
		有杂质	反复通断电，同时，用清水或试剂施压冲洗

表 F-4　旋转泵常见故障及其排查方法

序号	故障	原因	排除方法
1	输出压力不足	管路密封不严	检查接头处是否连紧
		吸入阀或排出阀有杂物卡阻	清除阀杂物
2	流量不足	管路阻塞	清除管路异物
		出口管接头密封不严	查接头处是否连紧
3	电机过热	驱动电压过大	调整电压（参考电机电气参数）
		驱动电流过大	调整电流（参考电机接线方式）
4	吸不上液	管路密封不严	检查液路密封是否正常
5	泵运行异常	吸入阀或排出阀有杂物卡阻	清除阀杂物

表 F-5　隔膜泵常见故障及其排查方法

序号	故　障	原　因	排 除 方 法
1	吸不上液或吸不满	管路密封不严	检查接头处是否插紧
		吸入管路阻塞	清洗、疏通吸入管路
		吸入阀口或排出阀口有杂物卡阻	清除阀口杂物
		膜片粘连	用清水清洗阀体及膜片
2	有气泡	吸入管路漏气	寻找泄漏点并排除
		进、出口管接头密封不严	更换胶管及管接头
		膜片或阀片损坏	更换膜片或阀片
		液路管径变化过多	液路管径尽量一致
		液路管路折弯过多	液路管路尽量平整、直行
3	电机过热	驱动电压过大	检查调整电压（参考电机电气参数）
		工作电流过大	检查负载是否过大，管路是否有柱塞
4	软管开裂	所用管径大小不符	更换软管大小
		所用软管硬度较高	更换硬度较软的软管

参 考 文 献

[1] 夏宁邵，郑铁生. 体外诊断产业技术[M]. 北京：人民卫生出版社，2018.

[2] 夏薇，陈婷梅. 临床血液学检验技术[M]. 北京：人民卫生出版社，2015.

[3] 邹雄，李莉. 临床检验仪器[M]. 2 版. 北京：中国医药科技出版社，2015.

[4] 漆小平，邱广斌，崔景辉. 医学检验仪器[M]. 北京：科学出版社，2014.

[5] 陆婷. 我国体外诊断企业的现状与发展策略研究[M]. 上海：上海交通大学，2016.

[6] 董磊，赵志刚，杜杨，等. STM32F1 开发标准教程[M]. 北京：电子工业出版社，2020.

[7] 汪天富，董磊，郭文波，等. C 语言程序设计与应用[M]. 北京：电子工业出版社，2021.

[8] 杨百军，王学春，黄雅琴. 轻松玩转 STM32F1 微控制器[M]. 北京：电子工业出版社，
2016.

[9] 蒙博宇. STM32 自学笔记[M]. 北京：北京航空航天大学出版社，2012.

[10] 王益涵，孙宪坤，史志才. 嵌入式系统原理及应用——基于 ARM Cortex-M3 内核的
STM32F1 系列微控制器[M]. 北京：清华大学出版社，2016.

[11] 喻金钱，喻斌. STM32F 系列 ARM Cortex-M3 核微控制器开发与应用[M]. 北京：清
华大学出版社，2011.

[12] 刘军. 例说 STM32[M]. 北京：北京航空航天大学出版社，2011.

[13] Joseph Yiu. ARM Cortex-M3 权威指南[M]. 北京：北京航空航天大学出版社，2009.

[14] 刘火良，杨森. STM32 库开发实战指南[M]. 北京：机械工业出版社，2013.

[15] 肖广兵. ARM 嵌入式开发实例——基于 STM32 的系统设计[M]. 北京：电子工业出
版社，2013.

[16] 陈启军，余有灵，张伟，等. 嵌入式系统及其应用[M]. 北京：同济大学出版社，2011.

[17] 张洋，刘军，严汉宇. 原子教你玩 STM32（库函数版）[M]. 北京：北京航空航天大
学出版社，2013.